T0234954

Klassiker der Technik

Die „Klassiker der Technik" sind unveränderte Neuauflagen traditionsreicher ingenieurwissenschaftlicher Werke. Wegen ihrer didaktischen Einzigartigkeit und der Zeitlosigkeit ihrer Inhalte gehören Sie zur Standardliteratur des Ingenieurs, wenn sie auch die Darstellung modernster Methoden neueren Büchern überlassen. So erschließen sich die Hintergründe vieler computergestützter Verfahren dem Verständnis nur durch das Studium des klassischen, fundamentaleren Wissens. Oft bietet ein „Klassiker" einen Fundus an wichtigen Berechnungs- oder Konstruktionsbeispielen, die auch für viele moderne Problemstellungen als Musterlösungen dienen können.

Springer
Berlin
Heidelberg
New York
Barcelona
Hongkong
London
Mailand
Paris
Singapur
Tokio

Die
Blechabwicklungen

Eine Sammlung praktischer Verfahren
und ausgewählter Beispiele

Zusammengestellt von
Johann Jaschke

23. Auflage

Mit 367 Abbildungen und einer Tafel

Springer

Ing. Johann Jaschke †
Graz

ISBN 3-540-41113-5 Springer-Verlag Berlin Heidelberg New York

Die Deutsche Bibliothek - CIP-Einheitsaufnahme
Jaschke, Johann: Die Blechabwicklungen : eine Sammlung praktischer Verfahren und ausgewählter Beispiele / Johann Jaschke. - 23. Aufl. ; Berlin ; Heidelberg ; New York ; Barcelona ; Hongkong ; London ; Mailand ; Paris ; Singapur ; Tokio : Springer, 2001
(Klassiker der Technik)
ISBN 3-540-41113-5

Springer-Verlag Berlin Heidelberg New York
ein Unternehmen der Springer Science+Business Media

© Springer-Verlag Berlin Heidelberg 1968, 1984, 1992 and 2001

Einbandgestaltung: Steinen, Barcelona
Gedruckt auf säurefreiem Papier   SPIN: 11333777   68/3111- 5 4 3 2 1 -

Vorwort des Verlages

Die rege Nachfrage nach diesem Buch spricht für das Interesse, das dem Problem der Blechabwicklungen auch heute noch aus den verschiedensten Fertigungszweigen entgegengebracht wird.

Die Ausführungen befassen sich nur mit der Abwicklungsgeometrie und setzen nicht Werkstoffe aus Metall voraus, wie man es bei dem Begriff „Blech" erwartet. Daher lassen sich die Darstellungen auch auf nichtmetallische Werkstoffe anwenden, die in Schicht-, oder Folienform handelsüblich sind, wie z. B. Papier, Karton, Leder Holzfurniere, plastisches Material u. ä.

Die klare und gut verständliche Darstellung, der systematische Aufbau, die ausschließliche Verwendung von Größengleichungen und anschaulichen Strichzeichnungen sowie die Verwendung einer auch heute noch gängigen Terminologie ermöglichen jedem Leser einen leichten Zugang zum Verständnis und zur Übertragung in die Praxis.

April 2001

Inhaltsverzeichnis

Einleitung

Im täglichen Leben und in der Industrie werden eine große Anzahl von Gefäßen verwendet, die zur Erzeugung von Dampf, zu Kochzwecken, zur Aufbewahrung und Fortleitung von Flüssigkeiten oder Gasen und zu vielen anderen Zwecken dienen. Sie werden aus einzelnen Blechen hergestellt (gefalzt, genietet oder geschweißt) um so ein brauchbares Ganzes zu bilden und seiner Bestimmung zugeführt zu werden. Da nun diese Gefäße die verschiedensten Formen annehmen und sehr oft nicht aus ebenen Flächen zusammengesetzt sind, so ergibt sich die zwingende Notwendigkeit, alle diese verschiedenartigsten Körperformen in die Ebene zurückzuführen, sie abzuwickeln.

Der Konstrukteur von Blecharbeiten muß gut abwickeln können, da er nicht nur die Größe der erforderlichen Bleche bestimmen, sondern auch diese Bleche nach Maß vom Walzwerk bestellen und hierfür die Verantwortung tragen muß. Er muß auch die Formgebung so durchführen, daß nicht nur die Abwicklung einfach, sondern auch die Anarbeitung in der Werkstätte leicht durchgeführt werden kann. Sollte in der Anarbeitung etwas nicht stimmen, so muß er auch, wenn nötig die Kontrolle durchführen können.

In vielen Werken ist es bereits üblich die fertigen Abwicklungen in die Werkstätte zu geben, so daß dort nur noch die Übertragung auf das Blech zu erfolgen hat. Dies bricht sich immer mehr Bahn.

In Werken, wo dies noch nicht der Fall ist, werden die Abwicklungen in der Werkstätte durch eine eigene Gruppe von Angestellten, die Vorzeichner, Anreißer, Aufreißer usw. hergestellt. Auch bei Klempnern, Spenglern, sollte jeder Arbeiter die nötigen Zuschnitte selbst herstellen können.

Theoretisch werden die Flächen in zwei Gruppen eingeteilt, in solche, die flächentreu abgewickelt werden können und in solche bei denen dies nicht der Fall ist. Bei letzteren werden die Bleche beim Verformen gedehnt, gestaucht usw. Abwickelbar sind Zylinder und Kegel, Prismen, Pyramiden, alle aus ebenen Flächen bestehenden Körper, manche gewölbte Flächen (Näheres hierüber siehe: Dr. Ing. HANS SCHMIDBAUER, Abwickelbare Flächen). Alle anderen Flächen, Kugel, Eiform, Umdrehungsflächen und Schraubenflächen im allgemeinen sind nicht flächen-

und winkeltreu abwickelbar. Die hierfür in der Praxis angewendeten Verfahren ergeben nur angenäherte Abwicklungen. Diese sind in diesem Buche durch ein Sternchen bei der Abbildungsnummer gekennzeichnet, z. B. Abb. 58*.

Im folgenden sollen nun eine ganze Reihe von Verfahren, Abwicklungen durchzuführen, angegeben und beschrieben werden, ohne auf ihre Begründung einzugehen, diese ist in jedem Lehrbuche der darstellenden Geometrie zu finden. Dieses Buch soll nur ein Wegweiser für alle jene sein, die mit den Jahren schon Abstand von Theorie und Studium erlangt haben, rasch und sicher den einzuschlagenden Weg zu finden. Ebenso soll es allen jenen, die nicht studieren konnten und abwickeln sollen, ein zuverlässiger Führer sein.

Vorerst sollen jedoch einige Erläuterungen hierzu gegeben werden. Werden Abwicklungen durchgeführt, so müssen dieselben immer auf die neutrale Faserschicht, das ist auf die Mitte des Bleches, bezogen werden, da sich bei der Formgebung die einen Faserschichten strecken, also länger werden, während die anderen sich stauchen, also verkürzen. Zwischen beiden liegt nun eine Faserschicht, die ihre Länge nicht ändert, die unverändert, die neutral bleibt, und dies ist bei den Blechen die Mitte. Um eine gute Abwicklung zu erhalten, ist es notwendig, eine genaue Zeichnung in möglichst großem Maßstabe zu besitzen, und bei der Durchführung der Abwicklung ist peinlichste Genauigkeit geboten. Je genauer die Arbeit, desto genauer ist die entstehende Abwicklung, und desto rascher und leichter kann die Verarbeitung besorgt werden.

Die Genauigkeit ist natürlich nur soweit zu treiben, daß sie nicht zum Hemmschuh wird. Die in diesem Buche gegebenen Tabellen sind auf 4 oder 5 Dezimalstellen genau. In vielen Fällen wird man jedoch mit 2 Stellen auskommen, z. B. bei kleinen Gegenständen, bei anderen dagegen 3 oder gar alle verwenden müssen. Oft genügt schon die Genauigkeit eines Rechenschiebers, der übrigens oft benützt werden sollte.

Bei vielen solchen Abwicklungen ist es nun oft nur notwendig, daß der Konstrukteur eine flüchtige Skizze besitzt und alle notwendigen Größen rechnerisch ermittelt. Dies findet jedoch nur für einfache Körperformen Anwendung, da sonst der rechnerische Vorgang zu unbequem und schwierig sich gestalten würde. In folgenden Zeilen soll auch auf die rechnerische Ermittlung der Abwicklung eingegangen werden, wenn es notwendig erscheint. Dies soll mit möglichst wenig Mathematik geschehen.

I. Zylindrische und prismatische Körper

A. Grundaufgaben

Die Abwicklungen von Zylinder und Prisma ergeben eine mannigfache Vielfältigkeit und können meistens auch auf rechnerischem Wege ermittelt werden. Sie sind meist einfach und harmlos und können oft mit einfachen Mitteln gelöst werden. Sie können jedoch unter Umständen auch sehr verzwickt werden, besonders wenn es sich um mannigfach gekrümmte Rohrleitungen handelt. Diese Abwicklungen werden ebenfalls in diesem Abschnitte behandelt werden.

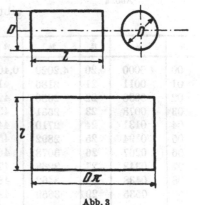

Abb. 1   Abb. 2

Abb. 3

Die einfachste Abwicklung ist die eines Zylinders, wie er in Abb. 1 und 2 dargestellt ist. Seine Abwicklung zeigt uns die Abb. 3. Der dargestellte Zylinder ist ein Kreiszylinder vom Durchmesser D und der Länge l. Die Größe des hierzu erforderlichen Bleches ist leicht bestimmt. Wie uns Abb. 3 lehrt, ist die Abwicklung eines zu seiner Grundfläche senkrecht stehenden Zylinders ein Rechteck, dessen Länge gleich dem Umfange des Zylinders $D\pi$ und dessen Breite gleich der Länge l des Zylinders ist. Die Länge l des Zylinders kann immer unmittelbar aus der Zeichnung entnommen werden, während der Umfang rechnerisch bestimmt wird. Zur Ermittlung des Umfanges eines Kreises dient folgende Formel:

$$U = D\pi,$$

wobei D der Durchmesser des Kreises und $\pi = 3{,}141\,592\,\ldots$ die LUDOLPHsche Zahl ist. Für die Berechnung des Kreisumfanges benutzt man jedoch meist Tabellen, welche für einen gegebenen Durchmesser sofort den Umfang ablesen lassen. Solche Tabellen stehen in jedem Ingenieur-Taschenbuch, z. B. „DUBBEL, Taschenbuch für den Maschinenbau", so daß man nur beim Fehlen einer Tabelle von obiger Formel Gebrauch machen wird.

Wie beim Kreiszylinder, so ist bei jedem anderen Zylinder, der auf seiner Grundfläche senkrecht steht, die Abwicklung ein Rechteck, mag die Grundfläche wie immer gestaltet sein. Es handelt sich in jedem einzelnen Falle nur um die Bestimmung der Länge des Umfanges. Denselben ermittelt man meistens durch Rechnung, selten dagegen durch unmittelbares Abmessen der Zeichnung.

Um den Kreisumfang zu bestimmen, ist eben eine Formel gegeben worden. Dem Kreise ähnlich ist nun die Ellipse, und für den Umfang derselben soll ebenfalls eine Formel gegeben werden. Bezeichnet, wie in Abb. 4, $2\,a$ die große Achse und $2\,b$ die kleine Achse der Ellipse, so ist der Umfang:

$$U = a\,u.$$

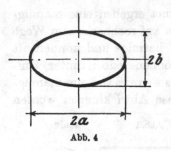

Abb. 4

Die Zahl u gibt die Größe des Umfanges einer Ellipse mit der großen Halbachse $a = 1$, und $\dfrac{b}{a} = n$. Die folgende Tabelle gibt die Werte für u:

n	u	n	u	n	u	n	u	n	u
00	4,0000	0,20	4,2020	0,40	4,6026	0,60	5,1054	0,80	5,6723
01	0011	21	2186	41	6258	61	1324	81	7020
02	0038	22	2356	42	6492	62	1596	82	7317
03	0078	23	2531	43	6728	63	1870	83	7615
04	0131	24	2710	44	6966	64	2145	84	7915
05	0194	25	2892	45	7207	65	2421	85	8215
06	0267	26	3078	46	7450	66	2699	86	8516
07	0348	27	3268	47	7695	67	2978	87	8819
08	0438	28	3462	48	7942	68	3259	88	9122
09	0535	29	3659	49	8191	69	3541	89	9426
0,10	4,0640	0,30	4,3859	0,50	4,8442	0,70	5,3824	0,90	5,9732
11	0752	31	4062	51	8695	71	4108	91	6,0038
12	0870	32	4269	52	8950	72	4394	92	0345
13	0994	33	4479	53	9207	73	4681	93	0653
14	1125	34	4692	54	9466	74	4969	94	0962
15	1261	35	4908	55	9726	75	5258	95	1271
16	1403	36	5126	56	9988	76	5549	96	1582
17	1550	37	5347	57	5,0252	77	5841	97	1893
18	1702	38	5571	58	0518	78	6134	98	2205
19	1859	39	5797	59	0785	79	6428	99	2518

Beispiel: Gesucht sei der Umfang einer Ellipse mit den beiden Halbachsen $a = 540$, $b = 135$, somit $\dfrac{b}{a} = n = \dfrac{135}{540} = 0,25$. Für $0,25 = n$ ist $u = 4,2892$, daher $U = 4,2892 \cdot 540 = 2316,168$.

Ergibt sich für n eine mehr als zweistellige Zahl, so ist einzuschalten zum Beispiel:

$$a = 260, \; b = 125, \text{ daher } n = \frac{125}{260} = 0,4654;$$

$$\text{für } n = 0,46 \quad \text{ist } u = 4,7450,$$
$$\text{„ } n = 0,47 \quad \text{„ } u = 4,7695,$$
$$\text{daher der Unterschied } \quad f = \quad 245.$$

Teilt man den Unterschied durch 100 und multipliziert mit 54, so erhält man

$$2,45 \cdot 54 = 132,3;$$

dies zu u für $n = 0,46$ addiert, ergibt:

$$n = 0,46 \qquad u = 4,7450$$
$$54 \qquad\qquad 132$$
$$n = 0,4654 \qquad u = 4,7582$$

und $$U = 4,7582 \cdot 260 = 1237,132.$$

Ist die Grundfläche des Zylinders durch eine andere Kurve begrenzt, so ist dieselbe bezüglich ihrer Länge mathematisch zu behandeln, oder die Kurve wird möglichst groß und genau aufgezeichnet und hernach gemessen.

Um zum eigentlichen Stoff dieser Schrift zurückzukehren, sei ein Zylinder abgewickelt, wie ihn Abb. 5 vor Augen führt. Der Zylinder steht nicht mehr senkrecht auf seiner Grundfläche, sondern schief. Da sein Querschnitt, welcher senkrecht zu seiner Achse geführt ist, einen Kreis darstellt, so muß die Grundfläche eine Ellipse bilden. Um diesen Zylinder abzuwickeln, zerlegt man sich denselben in 3 Teile, in 2 gleiche Zylinderhufe von der Höhe b und den Kreiszylinder von der Länge l.

Nun teilt man den Umfang des Kreises, wie Abb. 6 zeigt, in eine beliebige Anzahl gleich großer Teile. Je größer nun der Kreis ist, desto mehr Teile wird man wählen. Von diesen Teilungspunkten zieht man zur Achse des Zylinders parallele Linien, wie durch den Punkt *1* die Linie *1—1'*, durch *2, 2—2'* usw. Bemerkt sei noch, daß die Linie *6 –12'* senkrecht auf der Achse des Zylinders steht. Hat man alle Punkte bezeichnet und alle Parallelen gezogen, so schreitet man zu Abwicklung. Man zieht eine gerade Linie *12'—12'* (Abb. 7) und trägt auf derselben die Teile der Kreislinie von *12'* über *1', 2' .... 12'* auf und errichtet in den einzelnen Punkten Senkrechte auf die Linie *12'—12'*. Nach aufwärts trägt man die Länge l des durch die Teilung erhaltenen senkrechten Kreiszylinders auf und zieht durch den so erhaltenen Punkt eine zu *12'—12'* parallele Linie und erhält so die Abwicklung des Teilzylinders.

Von den Punkten *12′, 1′, 2′, 3′* .... *12′* trägt man nun die Strecken $\overline{12'\ 12}$, $\overline{1'\ 1}$, $\overline{2'\ 2}$ .... *12′ 12*, welche man aus Abb. 5 abnimmt, auf. Verbindet man die so erhaltenen Punkte *12, 1, 2* .... *12* durch eine Kurve, so erhält man die untere Begrenzungslinie der Abwicklung. Die

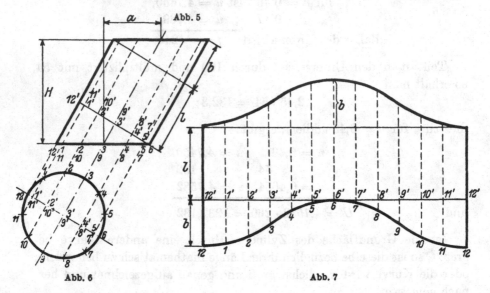

Abb. 5

Abb. 6   Abb. 7

obere Begrenzungslinie erhält man, indem man die Strecke $(l + b)$ in den Zirkel nimmt und von den Punkten *12, 1, 2, 3* .... *12* dieselbe auf den entsprechenden Senkrechten aufträgt.

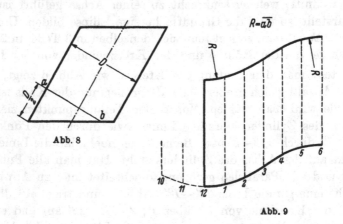

Abb. 8   Abb. 9

Die Kurven *12,1 · · · 12* müssen an die geraden Begrenzungslinien der Abwicklung in rechtem Winkel stoßen, damit nach dem Einrollen des Bleches keine Spitze entsteht, die zu unliebsamen Nacharbeiten führt. Dies erreicht man, dadurch, daß man wie in Abb. 9 ein bis zwei Teile

über die Abwicklung hinaus aufträgt und die Kurve entsprechend zeichnet. Oder man bestimmt die Krümmungshalbmesser R nach Abb. 8 und
schlägt damit in den Punkten 6 und 12 kurze Kreisbogen, an welche sich
die übrigen Kurventeile anschließen. Wenn die Strecken *12 1'* usw.
nicht zu groß gewählt sind, kann man durch die Punkte *11, 12,1* und
5, 6, 7 kleine Kreisbogen legen.

Die Abwicklung kann man auch so finden, wie dies die Abb. 10 zeigt.
Man zieht die Linie *12'* .... *12'* und trägt darauf die Teile des Kreisumfanges wie früher auf. In den einzelnen Punkten werden Senkrechte
errichtet. Auf der äußersten Senkrechten trägt man die Strecke „*b*"
auf, über welche man einen Halbkreis schlägt. Diesen Halbkreis teilt

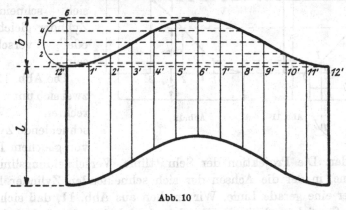

Abb. 10

man in eine halb so große Zahl Teile, als der Kreis in Abb. 6 geteilt
ist. Die so erhaltenen Teilpunkte lotet man auf die zugehörigen Senkrechten und erhält Punkte, welche, miteinander verbunden, die obere
Begrenzungskurve ergeben. Die untere Begrenzungskurve erhält man,
indem man $(l + b)$ in den Zirkel nimmt und von der oberen Begrenzungslinie nach unten abschneidet.

Da nun meist die Höhe H des Zylinders und dessen Verschiebung a
gegeben ist, so kann man die Größe $(l + b)$ leicht rechnerisch wie folgt
ermitteln:

$$l + b = \sqrt{H^2 + a^2}.$$

Die Größe von b ergibt sich aus:

$$H : a = D : b;$$

daraus wird
$$b = \frac{a \cdot D}{H},$$

wobei D den Durchmesser des Zylinders bedeutet.

Die Größen $\overline{1'\ 1}$, $\overline{2'\ 2}$ .... lassen sich ebenfalls rechnerisch bestimmen. Der Rechnungsgang ist jedoch so umständlich und langwierig,

daß die rechnerische Lösung selten benutzt wird. Soll sie aus irgend-
welchen Gründen angewendet werden, so hilft uns die folgende Tabelle,
in der n die Zahl der Teile bedeutet, in welche der Querschnittskreis
geteilt wird. Die nebenstehenden Zahlen mit b multipliziert, ergeben
die Größen $\overline{1'1}$, $\overline{2'2}$ usw.

Wie Abb. 5 lehrt, sind die Größen $\overline{7'7} = \overline{5'5}$, $\overline{8'8} = \overline{4'4} \ldots \overline{11'11}$
$= \overline{1'1}$.

Schneiden sich zwei Zylinder, so kann dies auf mehrere Arten geschehen, in einem rechten Winkel oder einem beliebigen andern, auch

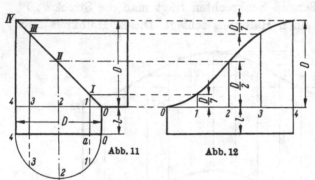

Abb. 11   Abb. 12

können die Durch-
messer der beiden
sich schneidenden
Zylinder gleich groß
oder verschieden
sein.

Die Abb. 11 stellt
zwei sich unter einem
rechten Winkel
schneidende Zylinder
von gleichem Durch-
messer dar. Die Projektion der Schnittlinie, Verschneidungslinie, auf
die Ebene, in der die Achsen der sich schneidenden Zylinder liegen,
ist immer eine gerade Linie. Wir ersehen aus Abb. 11, daß sich jeder
Zylinder für sich nach der vorher dargelegten Art abwickeln läßt, und
zugleich ist daraus ersichtlich, daß, wenn die Zylinder gleich lang
sind, die beiden Abwicklungen vollständig gleich sein müssen. Abb. 12
zeigt eine einfache Art, um die Abwicklung rasch durchführen zu
können. Sie bestimmt allerdings nur 9 Punkte, und zwar folgendermaßen: Auf einer Linie werden von einem Punkte 0 aus 8 gleich große
Teile aufgetragen. Abb. 12 zeigt nur deren 4, also die Hälfte. Die Summe
dieser 8 Teile ist gleich dem Umfange des Zylinders, also $D\pi$. In den so
erhaltenen Punkten $0, 1, 2, 3, 4 \ldots 7,0$ werden senkrechte Linien
errichtet; nach abwärts trägt man die kürzeste Erzeugende (l) des
Zylinders auf, während aufwärts folgende Größen in

den Punkten		aufzutragen sind:
0		0
1 und 7		$\dfrac{D}{7}$
2 „ 6		$\dfrac{D}{2}$
3 „ 5		$\dfrac{6D}{7}$
4		D

Diese Größen lassen sich aus der bei der Abwicklung der in Abb. 5 dargestellten Zylinderform angegebenen rechnerischen Art leicht bestimmen, wie folgt. Ebenso kann man diese Werte nach Gutdünken vermehren. Wie leicht einzusehen, ist hier

$$\overline{4\,IV} = D,$$

daher $\overline{1\,I} : D = \overline{0\,1} : D,$

das heißt $\overline{1\,I} = \overline{0\,1},$

was ja sein muß, da die Linie $0\,IV$ den rechten Winkel halbiert.

Aus dem angehängten Grundrisse ergibt sich:

$$\overline{a\,0} = \frac{D}{2}\ \text{Bogenhöhe } 90°$$
$$= {}^{1}/_{2}\,D \cdot 0{,}293 = 0{,}146\,D$$
$$\sim {}^{1}/_{7}\,D.$$

Die Strecke $\overline{a\,0}$ des Grundrisses ist gleich der Strecke $\overline{0\,1}$ des Aufrisses, daher auch gleich $\overline{1\,I}$. Wie man leicht erkennt, ist dieser Wert von ${}^{1}/_{7}\,D$ ungenau, und zwar etwas zu klein, da ${}^{1}/_{7} = 0{,}143$. Der Unterschied liegt im Tausendstel und beträgt bei 1 m Durchmesser 3 mm.

Abb. 13 zeigt zwei sich schneidende Zylinder von gleichem Durchmesser, deren Achsen jedoch einen Winkel α_1 einschließen. Die

mit b multipliziert = $\overline{1'1}$, $\overline{2'2}$ usw.

n												
4	0,5000	1,0000										
6	0,2500	0,7500	1,0000									
8	0,1465	0,5000	0,8535	1,0000								
12	0,0670	0,2500	0,5000	0,7500	0,9330	1,0000						
16	0,0381	0,1465	0,3087	0,5000	0,6913	0,8535	0,9619	1,0000				
20	0,0245	0,0930	0,2061	0,3455	0,5000	0,6545	0,7939	0,9070	0,9755	1,0000		
24	0,0171	0,0670	0,1465	0,2500	0,3706	0,5000	0,6294	0,7500	0,8535	0,9330	0,9829	1,0000
32	0,0092	0,0381	0,0843	0,1465	0,2223	0,3087	0,4025	0,5000	0,5975	0,6913	0,7777	0,8535
40	0,0062	0,0245	0,0545	0,0955	0,1465	0,2061	0,2730	0,3455	0,4218	0,5000	0,5782	0,6545
48	0,0043	0,0171	0,0381	0,0670	0,1033	0,1465	0,1956	0,2500	0,3087	0,3706	0,4348	0,5000

n												
32	0,9157	0,9619	0,9908	1,0000								
40	0,7270	0,7939	0,8535	0,9045	0,9455	0,9755	0,9938	1,0000				
48	0,5652	0,6294	0,6913	0,7500	0,8044	0,8535	0,8967	0,9330	0,9619	0,9829	0,9957	1,0000

Abwicklung läßt sich auf jene von Abb. 5 zurückführen, sie bietet nichts Neues und wird hier deshalb auch nicht durchgeführt. Rechnerisch wird:

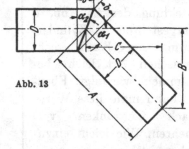

$$b = \frac{D}{B}\,(A - C)$$

oder

$$b = D \cdot \mathrm{tg}\,\frac{\alpha_1}{2}, \quad da \;\; \alpha_2 = \frac{\alpha_1}{2}\,.$$

Abb. 13

Alle andern Größen werden wie früher bestimmt.

Wir schreiten nun zu den Abwicklungen von sich schneidenden Zylindern von ungleichen Durchmessern, und zwar zuerst zu dem Fall,

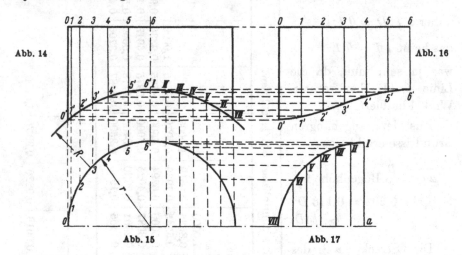

Abb. 14   Abb. 16

Abb. 15   Abb. 17

in welchem beide Achsen einen rechten Winkel bilden, wie dies bei den in Abb. 14 und 15 dargestellten Zylindern der Fall ist.

Der große Zylinder mit dem Halbmesser R wird von dem kleinen mit dem Halbmesser r durchdrungen. Der bei der Abwicklung dieser Zylinder einzuhaltende Vorgang ist folgender: Der Grundriß des kleinen Zylinders, Abb. 15, wird in eine Anzahl gleicher Teile geteilt und durch jeden so erhaltenen Punkt eine gerade Linie gezogen, welche zur Achse des kleinen Zylinders im Aufriß parallel laufen. Diese Linien schneiden nun die beiden Begrenzungen des Zylinders in den Punkten 0 und $0'$, 1 und $1'$, 2 und $2'$ ... Abb. 14. Hierauf zieht man eine gerade Linie, trägt den Umfang des kleinen Zylinders auf derselben auf, Abb. 16, und teilt in dieselbe Anzahl Teile wie den Kreis des Grundrisses. In jedem Punkte wird eine Senkrechte errichtet und auf denselben der Reihe nach die Strecken $\overline{0\,0'}$, $\overline{0\,1'}$, $\overline{2\,2'}$ usw. aus Abb. 14 aufgetragen, oder man projiziert, wie dies die Abb. 14 und 16 zeigen. Auf diese Weise erhält man die gesuchte Abwicklung. Abb. 16 zeigt uns nur ein Viertel der ganzen Abwicklung.

Ist auf diese Weise der kleinere Zylinder abgewickelt, so wird zur Bestimmung des Ausschnittes im Mantel des größeren Zylinders ge-

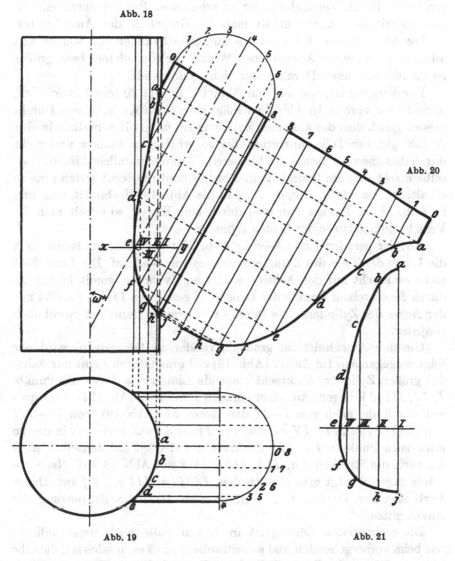

Abb. 18

Abb. 20

Abb. 19

Abb. 21

schritten. Die Abwicklung des größeren Zylinders erfolgt genau so wie bei Abb. 1. Um den Ausschnitt zu erhalten, teilt man den Kreisbogen *I—VII* (Abb. 14) in eine Anzahl gleicher Teile und projiziert dieselben in den Grundriß (Abb. 15). Verlängert man die Mittellinie des kleinen Zylinders, wie Abb. 15 und 17 zeigen, und errichtet auf derselben in einem Punkte *a* eine Senkrechte, so erhält man die beiden Mittel des

Ausschnittes. Von *a* aus trägt man auf der den Abb. 15 und 17 gemeinsamen Mittellinie die Länge der Teile von *I—VII* aus Abb. 14 auf und errichtet in diesen Punkten senkrechte Linien. Aus dem Grundrisse (Abb. 15) werden nun der Reihe nach die Punkte *I . . . VII* in die Abb. 17 projiziert. Durch Verbindung der so erhaltenen Punkte durch eine in sich geschlossene Kurve erhält man die Grenzlinie des Ausschnittes.

Die Abb. 18 und 19 führen uns nun zwei Zylinder vor, welche sich schneiden, und deren Achsen einen Winkel, welcher kleiner bzw. größer ist als 90° und deren Durchmesser nicht gleich sind.

Der Vorgang ist, wie aus den Abb. 18, 19 und 20 leicht ersichtlich, derselbe wie vorher. In Abb. 18 schlägt man einen Kreis, dessen Durchmesser gleich dem des kleineren Zylinders ist, und teilt denselben in eine Anzahl gleicher Teile, numeriert die so erhaltenen Punkte und zieht durch dieselben zur Achse des kleineren Zylinders parallele Linien. Dasselbe macht man im Grundriß, in Abb. 19, und projiziert sodann die so erhaltenen Punkte *a, b, c, d . . . . j* in die Abb. 18. Verbindet man nun in Abb. 18 die Punkte von *a—j* durch eine Kurve, so erhält man die Verschneidungskurve der beiden Zylinder.

Auf der geraden Linie *8—0* in Abb. 20 trägt man der Reihe nach die Länge der Teile des Zylinderumfanges von *0—8* auf. Die Linie *0—8* steht senkrecht auf der Achse des kleinen Zylinders, somit laufen die durch die einzelnen Punkte der Linie *0—8* gezogenen Linien parallel mit der Achse des Zylinders. Die Punkte *a—j* werden dann wie gewöhnlich projiziert.

Um den Ausschnitt im großen Zylinder zu bestimmen, wird wie folgt vorgegangen. Im Aufriß (Abb. 18) zieht man durch *e* eine zur Achse des großen Zylinders senkrecht stehende Linie *xy*, auf der die Punkte *I, II, III, IV* liegen. Auf einer geraden Linie *I—e* (Abb. 21) trägt man nun der Reihe nach von *I—II* den Bogen $\overline{ab}$ (Abb. 19), von *II—III* den von $\overline{bc}$, von *III—IV* $\overline{cd}$ und von *IV—e* $\overline{de}$ auf, errichtet in den so erhaltenen Punkten *I . . . IV* Senkrechte und trägt auf denselben nach aufwärts die Strecken *I a, II b, III c, IV d* aus Abb. 18 auf. Nach abwärts dagegen trägt man die Strecken *I j, II h, III g, IV f* auf. Durch Verbinden der Punkte *a . . . j* erhält man dann die Begrenzung des Ausschnittes.

Die rechnerische Lösung ist in diesem Falle noch umständlicher wie beim vorhergehenden und so zeitraubend, daß es nutzlos ist, dieselbe hier anzuführen. In diesem Falle führt die zeichnerische Lösung leichter und schneller zum Ziel.

In Abb. 22 ist eine andere Art des Aufsuchens der Schnittlinie zwischen zwei Zylindern dargestellt. Es wurden, um einen Vergleich zu ermöglichen, dieselben Zylinder, wie sie Abb. 18 zeigt, gewählt. Im Schnittpunkte *S* der beiden Zylinderachsen setzt man mit dem Zirkel ein und beschreibt Kreise mit beliebigen Halbmessern, und zwar so, daß sie die strichlierten Zylinderkanten schneiden, Kreis *I* in *a* und *b*. Von *a* und *b* aus fällt man auf die zugehörigen Zylinderachsen Senkrechte, und im Schnittpunkte *1* dieser Linien erhält man einen Punkt der Schnittlinie. Dies, für eine Anzahl Kreise durchgeführt, ergibt eine Reihe von Punkten, durch welche die Schnittlinie leicht gelegt werden kann.

Dieses Verfahren kann nur bei Zylindern mit sich schneidenden Achsen Verwendung finden, niemals bei solchen mit sich kreuzenden Achsen, wie Abb. 23, 24.

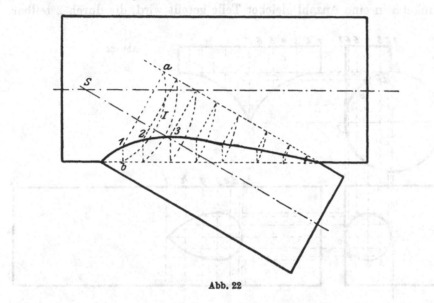

Abb. 22

Tritt nun der Fall ein, daß sich die Achsen der Zylinder nicht schneiden, sondern kreuzen, wie in Abb. 23 und 24, so ist der Vorgang derselbe wie bei den in Abb. 14 und 15 gezeigten. Abb. 26 gibt die Abwicklung des kleinen Zylinders, Abb. 25 den Ausschnitt im großen Zylinder.

Hier standen die Achsen der beiden Zylinder senkrecht aufeinander. Schließen sie einen anderen Winkel miteinander ein wie in Abb. 27 ist der Vorgang der gleiche wie in Abb. 18 und 19. Die Abb. 27—30 zeigen uns den Vorgang noch einmal. Es ist jedoch nicht nötig, diesen Vorgang nochmals zu beschreiben, da die Abbildungen alles klar und deutlich erkennen lassen.

Da es oft notwendig erscheint, eine Rohrleitung aus ihrer Richtung abzulenken, so ist man gezwungen, Krümmer einzubauen. Diese Krümmer baut man nahezu immer so, daß sich dieselben möglichst der Kreisform in ihrem Achsenzuge nähern. Bei Gasleitungen weniger, dagegen mehr bei Druckwasserleitungen. Gegegeben für einen solchen Krümmer ist meistens der Achsenwinkel α oder β (Abb. 31). Trägt man

auf beiden Winkelschenkeln die Länge T auf und errichtet auf deren
Endpunkten Senkrechte, so schneiden sich dieselben in einem Punkte,
welcher der Mittelpunkt eines Kreises ist, der die beiden Achsen tangiert.
Da nun ein Krümmer, der diesen Kreis zur Achse hat, nur schwer herzustellen ist, so setzt man denselben aus kurzen Zylindern zusammen,
deren Achsen Tangenten an dem Kreise sind (Abb. 31). Die Bestimmung
dieser kurzen Zylinder, Schüsse, erfolgt am besten in der Weise, daß
der Anfangs- und Endschuß je die Hälfte eines Mittelschusses sind;
somit ergibt sich von selbst, daß der Kreisbogen $A\,B$ und mit ihm der
Winkel α in eine Anzahl gleicher Teile geteilt wird, die durch 2 teilbar

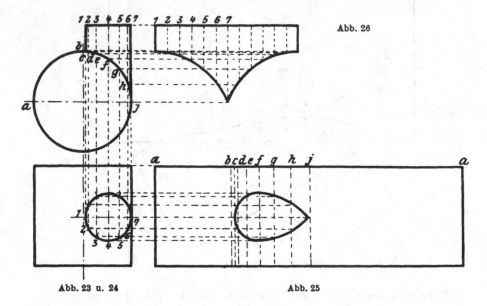

Abb. 26

Abb. 23 u. 24   Abb. 25

ist. Der zeichnerische Vorgang des Abwickelns ergibt sich sehr einfach
und ist bereits bekannt. Abb. 32 und 33 stellen die Abwicklungen je
eines End- bzw. Anfangsstückes und eines Mittelstückes dar.

Falls der Krümmer keinerlei Knicke aufweist, so ist er als Umdrehungsfläche anzusehen, und dessen Abwicklung findet sich auf S. 88.

Da bei großem Durchmesser der Leitung der Halbmesser R des
Krümmungskreises oft sehr groß angenommen werden muß, andern-
falls bei kleinem Winkel α der Halbmesser R ebenfalls sehr groß wird,
so ist man in diesen Fällen auf die Rechnung angewiesen, da eine zeichnerische Lösung entweder gar nicht möglich oder nur sehr ungenau
ist. Gegeben ist fast immer nur α, und T wird entsprechend groß angenommen. Daraus ergibt sich nun der Halbmesser R mit

$$R = T \cdot \operatorname{cotg} \frac{\beta}{2} = T \tan g \frac{\alpha}{2} \,.$$

Nimmt man die Anzahl der Schüsse mit n an und teilt den Winkel α durch $2\,n - 2$, so erhalten wir den Teilwinkel γ mit

$$\gamma = \frac{\alpha}{2\,n - 2}.$$

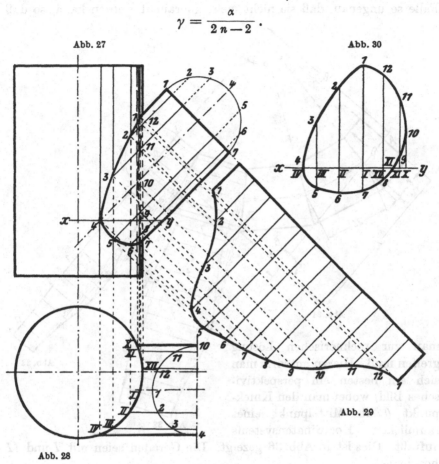

Abb. 27   Abb. 30

Abb. 29

Abb. 28

Hieraus ergibt sich sofort die Länge des Anfangsschusses:

$$t = R \cdot \operatorname{tg} \frac{\alpha}{2\,n - 2},$$

während die Länge eines Mittelschusses gleich $2\,t$ wird. Die Verlängerung bzw. Verkürzung k erhält man aus

$$k = \frac{D}{2} \cdot \operatorname{tg} \frac{\alpha}{2\,n - 2}.$$

Hat man diese Größen berechnet, so kann man die einzelnen Schüsse vollständig genau aufzeichnen und abwickeln.

Es kann nun aber der Fall eintreten, daß der Winkel α nicht gegeben ist, sondern nur der Grund- und Aufriß der beiden Achsen, wie Abb. 34 und 35.

Es sind dann aber die nötigen Bestimmungsmaße a_1, a_2, b_1, b_2 usw.

gegeben, aus denen man den Winkel, den die beiden Achsen einschließen, bestimmen kann. Die zeichnerische Lösung wird in diesem
Falle so ungenau, daß sie nicht mehr gebraucht werden kann, so daß

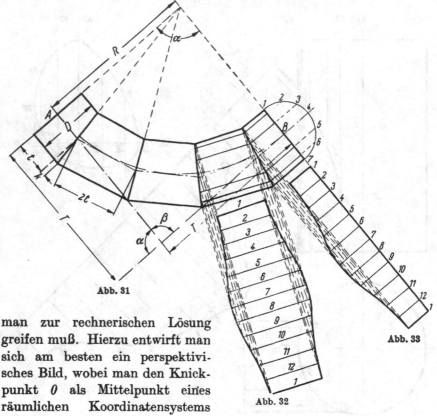

Abb. 31

Abb. 32

Abb. 33

man zur rechnerischen Lösung
greifen muß. Hierzu entwirft man
sich am besten ein perspektivi-
sches Bild, wobei man den Knick-
punkt 0 als Mittelpunkt eines
räumlichen Koordinatensystems
auffaßt. Dies ist in Abb. 36 gezeigt. Die Geraden seien mit I und II
bezeichnet.

Zuerst handelt es sich um die Bestimmung der Hilfswinkel α_1, β_1, γ_1
und α_2, β_2, γ_2, das heißt der Winkel, welche die Achsen I und II mit
den $+$ Richtungen von x, y und z einschließen.

Es werden:

$$\cos \alpha_1 = \frac{a_1}{L_I} \qquad \cos (180 - \alpha_2) = \frac{a_2}{L_{II}}$$

$$\cos (180 - \beta_1) = \frac{b_1}{L_I} \qquad \cos \beta_2 = \frac{b_2}{L_{II}}$$

$$\cos (180 - \gamma_1) = \frac{c_1}{L_I} \qquad \cos \gamma_2 = \frac{c_2}{L_{II}}$$

Hierin sind L_I und L_{II} die wirklichen Längen der beiden Achsen I
und II, welche sich aus folgenden Gleichungen ergeben:

$$L_I = \sqrt{a_1^2 + b_1^2 + c_1^2}, \quad L_{II} = \sqrt{a_2^2 + b_2^2 + c_2^2}.$$

Der Winkel ω, den die beiden Achsen tatsächlich einschließen, berechnet sich aus:

$$\cos\omega = \cos\alpha_1\cos\alpha_2 + \cos\beta_1\cos\beta_2 + \cos\gamma_1\cos\gamma_2 .$$

Setzen wir die vorhergefundenen Werte ein, so wird:

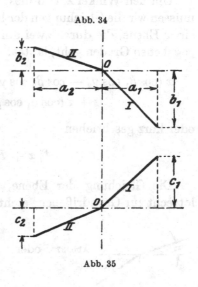

Abb. 34

$$\cos\omega = \frac{-a_1 a_2 - b_1 b_2 - c_1 c_2}{L_I L_{II}}$$

oder allgemein

$$\cos\omega = \frac{\pm a_1 a_2 \pm b_1 b_2 \pm c_1 c_2}{L_I L_{II}}$$

Ob $+$ oder $-$ einzusetzen ist, wird am besten immer an Hand des perspektivischen Bildes festgestellt.

Hat man nun ω, L_I und L_{II} gefunden, so ist es sehr leicht, den erforderlichen Krümmer aufzuzeichnen und die übrigen Größen wie vorhergehend zu bestimmen, wobei $a = 180 - \omega$ wird. Die Größen L_I und L_{II} werden sich sehr selten gleich groß ergeben, man nimmt dann die kürzere Länge als T an und läßt auf der längeren Seite den letzten Schuß etwas länger, und zwar um die Länge $L_I - L_{II}$ bzw. $L_{II} - L_I$.

Abb. 35

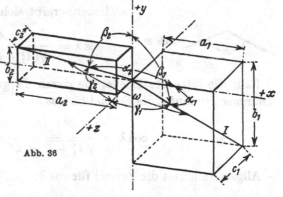

Abb. 36

Wenn man diese Rechnung durchführt, darf man jedoch nicht sofort in die oben gegebenen Gleichungen für $\cos\alpha_1 \cdots \cos\gamma_2$ die Bestimmungsmaße einsetzen, sondern man muß vielmehr das perspektivische Bild entwerfen und an Hand desselben diese Gleichungen für jeden Fall richtigstellen, da sich dieselben entsprechend ändern, wenn die eine oder die andere der beiden Achsen in einen anderen Raum kommen.

Es ist nun klar, daß der oberste Punkt des Krümmers, wenn er im Raume fertig montiert liegt, in einer Ebene sich befindet, die lotrecht zur Grundrißebene steht und durch die Achse II geht. Wenn wir den Krümmer, nach Bestimmung von ω, in einer Ebene zeichnen, so ist dieser oberste Punkt verdreht, und zwar um denselben Winkel, den die durch beide Achsen gelegte Ebene mit der vorhin besprochenen lotrechten Ebene einschließt.

Um den Winkel λ, den diese beiden Ebenen einschließen, zu finden, müssen wir die Gleichungen der beiden Ebenen aufstellen. Die Gleichung einer Ebene, die durch zwei durch ihre Winkel α_1, β_1, γ_1, und α_2, β_2, γ_2 gegebenen Graden geht, lautet:

$$x\,(\cos\beta_1\cos\gamma_2 - \cos\beta_2\cos\gamma_1) + y\,(\cos\gamma_1\cos\alpha_2 - \cos\gamma_2\cos\alpha_1)$$
$$+ z\,(\cos\alpha_1\cos\beta_2 - \cos\alpha_2\cos\beta_1) = 0$$

oder kurz geschrieben

$$A_1\,x + B_1\,y + C_1\,z = 0\,.$$

Die Gleichung der Ebene, welche durch die Achse II geht und lotrecht zur Grundrißebene steht, lautet:

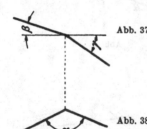

Abb. 37   oder

$$x\cos\gamma_2 - z\cos\alpha_2 = 0$$

$$A_2\,x - C_2 z = 0\,.$$

Der Winkel λ, den beide Ebenen einschließen, ergibt sich aus:

Abb. 38

$$\cos\lambda = \frac{A_1\,A_2 - C_1\,C_2}{\sqrt{(A_1^2 + B_1^2 + C_1^2)\cdot(A_2^2 + C_2^2)}}\,.$$

Fällt die lotrechte Ebene, die durch II geht, mit der Aufrißebene zusammen, so lautet die Formel für $\cos\lambda$:

$$\cos\lambda = \frac{C_1}{\sqrt{A_1^2 + B_1^2 + C_1^2}}\,.$$

Allgemein lautet die Formel für $\cos\lambda$:

$$\cos\lambda = \frac{A_1\,A_2 + B_1\,B_2 + C_1\,C_2}{\sqrt{(A_1^2 + B_1^2 + C_1^2)\cdot(A_2^2 + B_2^2 + C_2^2)}}\,.$$

Setzt man die Werte aus obigen Formeln ein, so ergibt sich die zuerst angeführte Formel, da $B_2 = 0$, $C_2 = -C_2$ wird.

Die zu beachtende Regel hierbei ist, daß positive λ nach innen und negative nach außen aufzutragen sind.

Einfacher werden die Rechnungen, wenn statt des Aufrisses das Längenprofil gegeben ist und damit die Neigungswinkel der beiden Achsen gegen die Horizontale (Abb. 37).

Der Winkel, den die beiden Achsen im Raume einschließen, ergibt sich zu:

$$\cos \omega = \sin \beta \sin \gamma - \cos \alpha \cos \beta \cos \gamma$$

der Verdrehungswinkel

für die Achse *II*

$$\sin \lambda = \frac{\tan g\,(\beta - \varkappa)}{\tan g\,\omega}$$

$$\tan g\,\varkappa = \frac{\tan g\,\gamma}{\cos\,(180 - \alpha)}$$

für die Achse *I* wird

$$\sin \lambda = \frac{\tan g\,(\mu - \gamma)}{\tan g\,\omega}$$

$$\tan g\,\mu = \frac{\tan g\,\beta}{\cos\,(180 - \alpha)}\,.$$

Besser ist es, die erforderlichen Niet- oder Schraubenlöcher erst bei Montage zu bohren, um so jede Nacharbeit auszuschließen.

Da die Prismen mit den Zylindern verwandt sind, so bleibt der Vorgang beim Abwickeln so ziemlich derselbe. Die Abwicklung eines geraden senkrechten Prismas ist ein Rechteck, dessen Länge gleich

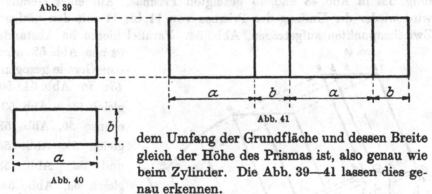

Abb. 39

Abb. 40

Abb. 41

dem Umfang der Grundfläche und dessen Breite gleich der Höhe des Prismas ist, also genau wie beim Zylinder. Die Abb. 39—41 lassen dies genau erkennen.

Abb. 44 zeigt die Abwicklung eines Prismas, dessen Grundriß in Abb. 43 und sein Aufriß in Abb. 42 dargestellt ist. Wie Abb. 42 veranschaulicht, ist das Prisma schräg abgeschnitten. Hat man ein schräges Prisma abzuwickeln, so ist der hierbei zu beobachtende Vorgang folgender: Es sei ein schiefes fünfseitiges Prisma, dessen Grundriß Abb. 45 und dessen Aufriß Abb. 46 darstellt. Auf die schrägen Seiten des Prismas, also *a* 1, *b* 2, *c* 3, *d* 4, *e* 5 zieht man in den Endpunkten senkrechte Linien. Hierauf nimmt man eine Linie an, die parallel zu den Seiten *a 1 ... e 5* läuft. Diese schneidet die Senkrechten in *a* und *1*. Nun nimmt man die Strecke *a e* aus Abb. 45 in den Zirkel und schneidet in Abb. 47 von *a* aus auf der Senkrechten, die durch *e* in Abb. 46 geht ab und erhält so den Punkt *e*. Durch *e* (Abb. 47) zieht man eine Parallele, die in 5 schneidet. Dies durchgeführt, bis man wieder bei *a* ankommt, gibt die Abwicklung des schrägen Prismas.

Abb. 48 und 49 stellen einen Zylinder mit anschließendem Prisma vor. Der Abwicklungsgang ist derselbe wie bei einem Zylinder mit Zylinderanschluß, mit dem Unterschiede, daß dort der ganze Umfang des Anschlußzylinders in gleiche Teile geteilt wurde, während hier jede

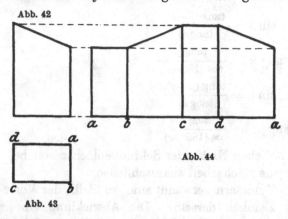

Seite für sich geteilt wird. Abb. 51 zeigt die Abwicklung des Anschlußprismas und Abb. 50 die des Zylinders mit Ausschnitt.

Wird ein Zylinder durch eine schräg zu seiner Achse liegende Ebene geschnitten, so ist die Schnittlinie eine Ellipse. Daraus ergibt sich folgende Abwicklung des in Abb. 48 und 49 gezeigten Prismas. Auf einer Geraden wird wieder der Umfang des Prismas von 11 bis 11 mit den nötigen Zwischenpunkten aufgetragen, Abb. 54. Parallel hierzu im Abstande

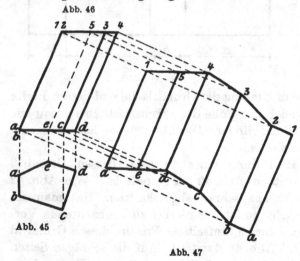

$0e$ aus Abb. 52 wird eine Gerade gezogen. $\overline{13e}$ in Abb. 54 ist gleich $\overline{13e}$ in Abb. 53, ebenso $\overline{5b}$, Abb. 53 gleich $\overline{5b}$, Abb. 54 und $\overline{5d}$, Abb. 53 gleich $\overline{5d}$, Abb. 54. In e, Abb. 54, wird auf 11—11 eine Senkrechte gezogen, die in 0 den Mittelpunkt einer Ellipse gibt. Von 0 bis h wird der halbe Zylinderdurchmesser aufgetragen, während $\overline{0a}$ gleich $\overline{ba}$ aus Abb. 53 ist. $h0$ und $a0$ sind die Halbachsen der Schnittellipse und diese ist leicht zu zeichnen. In gleicher Weise sind auch die übrigen Teilellipsen zu finden, wobei $\overline{h0}$ Abb. 54 gleich $h0$, Abb. 52 und $\overline{0c}$, Abb. 54 gleich dc, Abb. 53 ist. Den Ausschnitt in der Zylinderabwicklung bestimmt man wie vor, und zwar nur die Punkte $1, 3, 5, 7, 9, 11, 13, 15$ und legt durch je 3 Punkte einen flachen Kreisbogen.

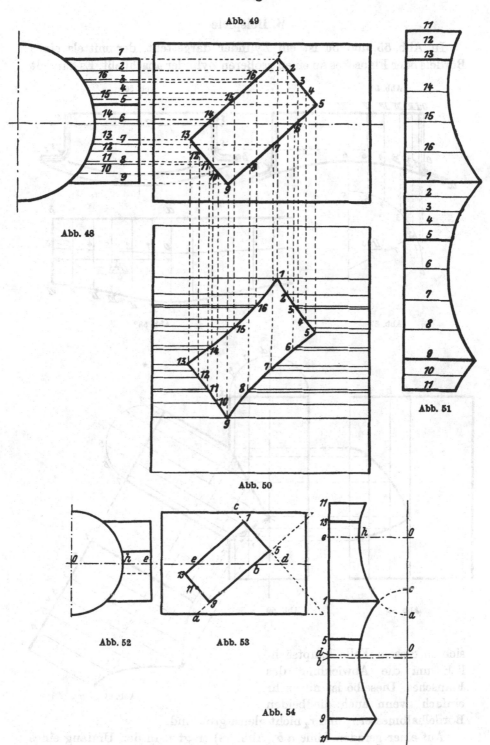

Abb. 49

Abb. 48

Abb. 51

Abb. 50

Abb. 52

Abb. 53

Abb. 54

B. Beispiele

In Abb. 55 und 56 ist ein Zylinder dargestellt, der mittels eines Bördels oder **Flansches** an einen größeren Zylinder anschließt. Es handelt

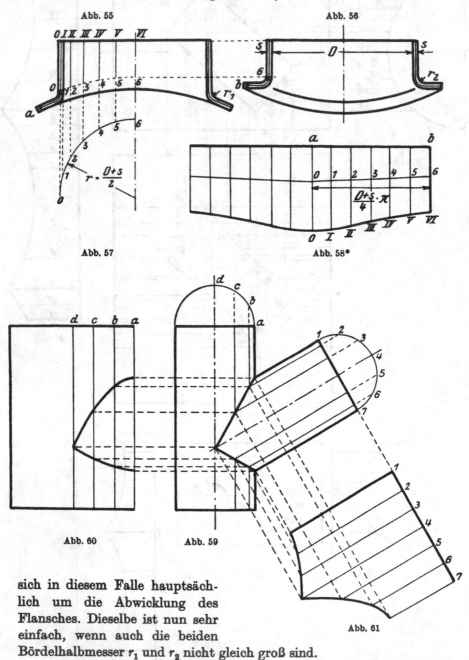

Abb. 55

Abb. 56

$$r = \frac{D+s}{2}$$

$$\frac{D+s}{4} \cdot \pi$$

Abb. 57

Abb. 58*

Abb. 60   Abb. 59

Abb. 61

sich in diesem Falle hauptsächlich um die Abwicklung des Flansches. Dieselbe ist nun sehr einfach, wenn auch die beiden Bördelhalbmesser r_1 und r_2 nicht gleich groß sind.

Auf einer geraden Linie $a\,b$ (Abb. 58) trägt man den Umfang eines

Kreises auf, dessen Durchmesser gleich ist $D + s$, teilt denselben in
eine Anzahl gleicher Teile und errichtet in jedem Punkte Senkrechte.
In Abb. 57 sehen wir ein Viertel dieses Kreises, wie aus dem Maße
$r = \dfrac{D + s}{2}$ hervorgeht. Es ist dies der Grundriß der neutralen Faserschicht des Zylinders. Dieser Kreis wird in dieselbe Anzahl Teile geteilt,
wie in Abb. 58, und diese Punkte in die Abb. 55 projiziert. In Abb. 55
und 56 zeichnet man auch die neutrale Faserschicht ein. Aus Abb. 56
projiziert man den Anfang des Bördels bei 6 in die Abb. 55 und schlägt
nun durch den so erhaltenen Punkt 6 einen Kreis, bis derselbe bei 0
schneidet. Fällt dieser Schnittpunkt unter den Beginn des Bördels in
Abb. 55, so hat man von der Abb. 55 auszugehen und in die Abb. 56 zu
projizieren, und zwar schlägt man dann in Abb. 55 durch den Punkt 0
(Beginn des Bördels) einen Kreis und projiziert den Punkt 6 in die
Abb. 56. Hierauf mißt man die Längen der neutralen Faser von 6—b
und von 0—a und trägt diese Längen von den Punkten a und b
(Abb. 58) auf den zugehörigen Senkrechten auf. Verbindet man die so erhaltenen Punkte 0 und 6 durch eine gerade Linie, so erhält man die Punkte
$1, 2, 3, 4, 5$. Von diesen Punkten trägt man die Längen $\overline{00}, \overline{I\,1}, \overline{II\,2}, \overline{III\,3}$ usw.
aus Abb. 55 auf den jeweiligen Vertikalen auf. Durch Verbinden dieser
neu erhaltenen Punkte $I, II \ldots VI$ durch eine Kurve erhält man
die Begrenzung der Abwicklung.

Genau so geht man vor, wenn sich die Achsen der beiden Zylinder
nicht schneiden, sondern nur kreuzen.

Ein Beispiel, wie zwei Zylinder zusammentreffen können, zeigt uns
die Abb. 59. Hier setzt sich an einem Zylinder ein gleichgroßer Stutzen
an. Die Verschneidungslinien sind leicht gefunden, sie sind in diesem
Falle gerade Linien. Die Abwicklungen sind einfach. Man teilt die
Halbkreise in Abb. 59 in eine Anzahl gleiche Teile und zieht die
entsprechenden Parallelen zu den Achsen, bis sie sich in den Verschneidungslinien schneiden.

In Abb. 61 trägt man wieder die Kreisteile auf, zieht die entsprechenden Parallelen und lotet die Schnittpunkte herüber. Die so erhaltenen Punkte verbunden ergeben die Begrenzungskurven der Ab
wicklung.

Abb. 60 zeigt den halben Zylinder mit dem Ausschnitte. Der Vorgang ist derselbe wie bei der Abwicklung des Stutzens.

Eine andere Art der Verbindung eines Stutzens mit einem Zylinder
zeigt Abb. 62. Die Abb. 64 bis 67 geben die Abwicklungen der einzelnen Teile, deren Zusammenhang klar ist. Die Zerteilung der Stutzen-
abwicklung, welche in Abb. 66 strichpunktiert gezeichnet ist, erfolgte
der leichteren Bearbeitung wegen.

Abb. 64 ist die halbe Abwicklung des Zylinders mit dem Aus-

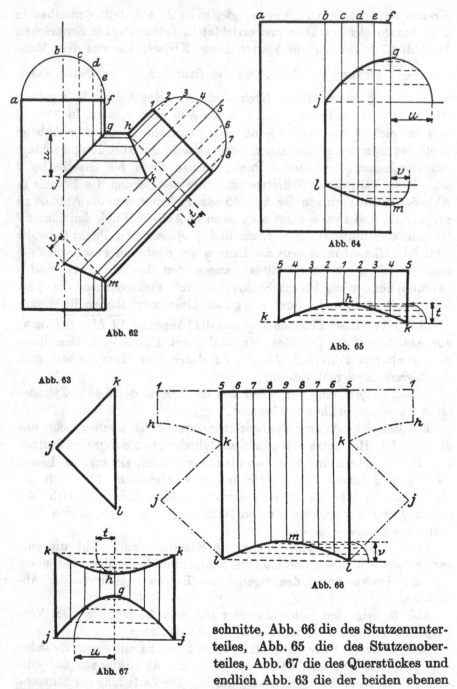

Abb. 62

Abb. 63

Abb. 64

Abb. 65

Abb. 66

Abb. 67

schnitte, Abb. 66 die des Stutzenunterteiles, Abb. 65 die des Stutzenoberteiles, Abb. 67 die des Querstückes und endlich Abb. 63 die der beiden ebenen Flächen *j k l*, welche die einzelnen Teile verbinden.

Früher wurden schon Fälle besprochen, in denen sich Zylinder von gleichem Durchmesser geschnitten haben, und zwar schnitten sich

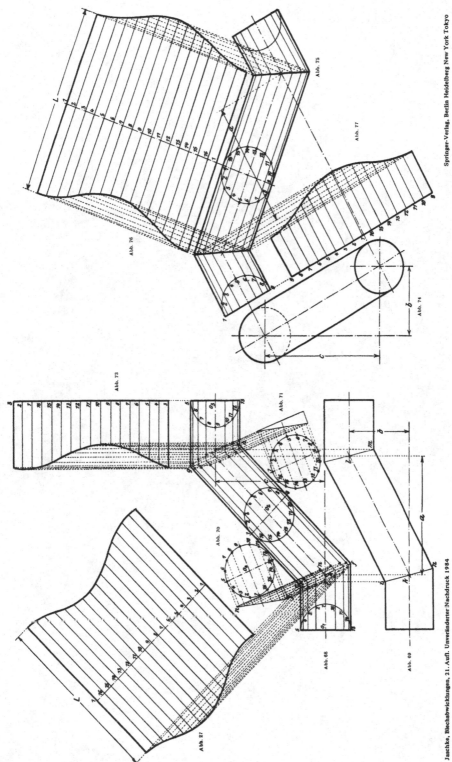

Abb. 73

Abb. 71

Abb. 70

Abb. 68

Abb. 69

Abb. 67

Abb. 75

Abb. 77

Abb. 76

Abb. 74

Springer-Verlag, Berlin Heidelberg New York Tokyo

Jaschke, Blechabwicklungen, 21. Aufl. Unveränderter Nachdruck 1984

die Achsen unter einem rechten bzw. spitzen Winkel. Dabei war jedoch immer vorausgesetzt, daß die beiden Zylinderachsen in der Bildebene liegen, so daß also die Schnittlinie immer eine gerade Linie wurde. Im folgenden sei nun der Fall behandelt, in dem sich die Achsen der beiden Zylinder unter einem spitzen Winkel schneiden, eine Achse in der Bildebene liegt, d. h. zu beiden Bildebenen parallel ist, während die Achse des zweiten Zylinders gegen jede Bildebene geneigt ist, so daß nirgends ihre wahre Größe ersichtlich ist.

Die Abb. 68 und 69 stellen eine solche Verbindung vor, bei der allerdings noch ein dritter Zylinder vorhanden ist, welcher mit dem ersten parallel läuft. Dies hat jedoch keine Schwierigkeit im Gefolge, es wiederholt sich hier derselbe Vorgang zweimal.

Den Punkt O_2 als Mittelpunkt benutzend, beschreibt man einen Kreis, dessen Durchmesser gleich dem des Zylinders ist, und teilt diesen Kreis in eine Anzahl gleiche Teile und bezeichnet jeden mit einer Ziffer. Durch diese einzelnen Punkte zieht man nun Parallele zur Zylinderachse. Dasselbe macht man, indem man O_1 und O_3 als Kreismittelpunkt benutzt, dabei ist es notwendig, immer die gleiche Anzahl Teile zu verwenden, jedoch nicht notwendig ist die gleiche Bezeichnung. Alle zu den Achsen der Zylinder parallelen Linien schneiden sich in zwei geraden Linien $e\,f$ und $g\,h$. Hierauf projiziert man die Punkte i und k von Abb. 69 in die Abb. 68 und macht den Abstand $k\,n$ gleich $i\,k$. Verlängert man die Linie $e\,f$ und errichtet in einem Punkt eine Senkrechte darauf, benutzt dann O_4 als Mittelpunkt für einen Kreis, dessen Durchmesser gleich dem Zylinderdurchmesser ist, teilt diesen Kreis in dieselbe Anzahl Teile wie die drei andern, zieht die entsprechenden Parallelen, wie dies Abb. 70 zeigt, und projiziert die Punkte i und n von Abb. 68 in die Abb. 70 und verbindet die so erhaltenen Punkte i und n durch eine gerade Linie, so erhält man eine Reihe Punkte, welche, in die Abb. 68 zurückprojiziert, die Verschneidungspunkte und deren Verbindung die Verschneidungslinie ergeben.

Diese Punkte sind in Abb. 68 entsprechend hervorgehoben. Parallel zur Zylinderachse $k\,O_2$ zieht man eine Reihe von parallelen Linien, deren jeweiliger Abstand einem der oben erwähnten Kreisteile gleich ist, so daß man von $1 \ldots 1$ den Umfang des Zylinders abgewickelt hat. Alsdann werden die einzelnen Punkte — Verschneidungspunkte — von Abb. 68 in die Abb. 72 projiziert. Durch Verbinden der so erhaltenen Punkte mittels einer Kurve erhält man eine Begrenzungslinie der Abwicklung. Auf den Linien $1, 2, 3 \ldots 15, 16, 1$ trägt man die Länge L auf und erhält so eine neue Reihe Punkte, welche, durch eine Kurve verbunden, die zweite Begrenzung der Abwicklung ergeben. Die fehlenden zwei Begrenzungslinien werden durch die beiden Geraden $1, 1$ dargestellt. Die Länge von L ermittelt man als Diagonale eines Prismas, dessen Seiten a, b und c sind, aus folgender Gleichung:

$$L = \sqrt{a^2 + b^2 + c^2}\,.$$

Um die Abwicklung Abb. 73 zu bekommen, hat man denselben Vorgang einzuhalten. Wichtig bei dieser Abwicklung ist die gleiche Bezeichnung der einzelnen Punkte in den zusammengehörigen Abbildungen, z. B. Abb. 68, Kreis O_2, und Abb. 70.

Etwas einfacher gestaltet sich die ganze Arbeit, wenn man nachfolgendes Verfahren befolgt. In Abb. 68 und 69 haben wir Grund- und Aufriß der sich schneidenden Zylinder gegeben. Abb. 74 gibt uns den fehlenden Kreuzriß, und aus diesem läßt sich nun ein viertes Bild, Abb. 75, leicht ermitteln.

Diese Abbildung zeigt uns alte Bekannte, die es uns leicht machen, die gesuchten Abwicklungen zu finden. Der hierbei eingeschlagene Weg ist sehr leicht in den Abbildungen zu verfolgen. Beim Vergleiche der hier gefundenen Abwicklung (Abb. 76) mit Abb. 72 findet man, daß beide gleich sind, ebenso die Abb. 77 und 73. Es läßt sich dies leicht mit Hilfe eines Stück Pauspapiers, auf welches man die beiden Abwicklungen Abb. 72 und 73 oder Abb. 76 und 77 kopiert, nachweisen.

Der in den Abb. 74—77 dargelegte Vorgang ist viel einfacher und genauer als derjenige der Abb. 68—73 und deshalb vorzuziehen.

In Abb. 78 sehen wir einen Zylinder A, von dem 2 andere Zylinder B und C abzweigen, wobei alle 3 denselben Durchmesser haben. Da die Achsen der 3 Zylinder in einer Ebene liegen, so gestaltet sich der ganze Vorgang des Abwickelns sehr einfach. Abb. 79 zeigt die Abwicklung des Zylinders B, während Abb. 80 diejenige des Zylinders A veranschaulicht. Während die Abb. 79 durch einfache Projektion abgeleitet ist, wurden die einzelnen Längen für die Abb. 80 aus Abb. 78 mit dem Meßzirkel entnommen. Die Abstände $\overline{12}$, $\overline{23}$, $\overline{34}$ .... $\overline{11\,12}$, $\overline{12\,1}$ auf den geraden Begrenzungslinien der Abwicklungen (Abb. 79 und 80) stellen die Länge der einzelnen Kreisteile vor, so daß die bezügliche Strecke 1—1 die Länge des Zylinderumfanges darstellt.

Wie die Abb. 79 und 80 zeigen, sind beide Abwicklungen nicht gleich; dies würde dann der Fall sein, wenn $\alpha = \beta = 120^0$ wäre. Ist, wie in dem bezeichneten Falle, $\beta = \dfrac{360-\alpha}{2} = 180 - \dfrac{\alpha}{2}$, so sind die Abwicklungen für die Zylinder B und C gleich, während diejenige des dritten Zylinders anders ist. Sind alle 3 Winkel verschieden groß, so sind auch alle Abwicklungen verschieden und müssen einzeln durchgeführt werden.

Die Abb. 68—73 geben uns die Abwicklungsart unter der Voraussetzung, daß zwei Zylinder zur Grund- und Aufrißebene parallel sind, und zwar so, daß der schräg verlaufende Zylinder die Verbindung von zwei parallelen Zylindern darstellt. Abb. 81, 82 stellen uns nun vor eine ähnliche Aufgabe, wobei es sich nicht um die Verbindung von zwei parallelen Zylindern handelt, sondern ein horizontaler Zylinder soll mit einem dritten zu keiner Bildebene parallel verlaufenden Zylinder verbunden werden. Zunächst müssen wir uns das Hilfsbild (Abb. 83) zeichnen, um einesteils die Begrenzungslinie der Abwicklung des Zylinders *II*, andererseits die wirkliche Länge des Zylinders *III* zu erhalten, welche beide aus den gegebenen Bildern entweder gar nicht oder

Abb. 78

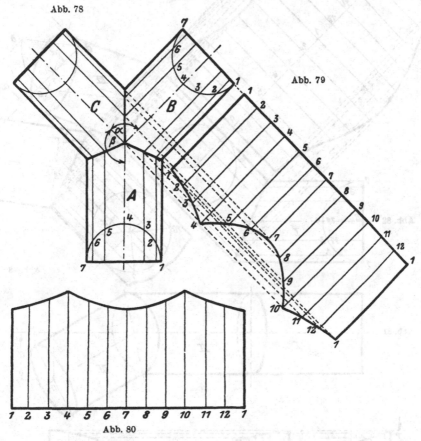

Abb. 79

Abb. 80

nur ungenau abgenommen werden können. Wir müssen uns zuerst die richtige Lage der Zylinder *II* und *III* zueinander suchen. Vom Punkte 0_1 fällen wir eine senkrechte Linie auf die Achse des Zylinders *II* (Abb. 82), diese schneidet in *d*. Auf diese Gerade $0_1 d$ errichten wir in 0_1 abermals eine Senkrechte, also eine Parallele zur Achse des Zylinders *II*. Ähnlich machen wir es in Abb. 81 und entnehmen von hier die Länge *a* und tragen dieselbe in Abb. 82 von 0_1—*b* auf. Setzen wir nun in *d* ein und schlagen einen Kreis durch *b*, bis dieser die Linie *d* 0_1 in *c* schneidet, und verbinden *c* mit 0_3, so erhalten wir die wirkliche Lage der Achsen

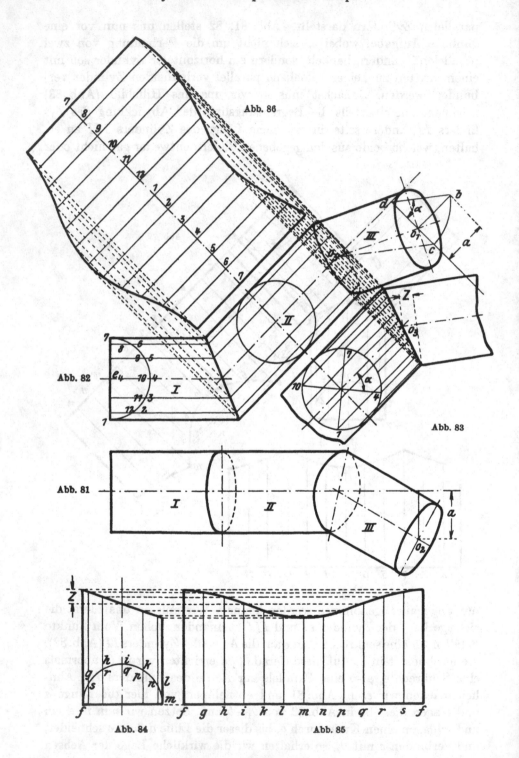

Abb. 86

Abb. 82

Abb. 83

Abb. 81

Abb. 84   Abb. 85

der Zylinder *II* und *III* zueinander und außerdem in 0_3c die wirkliche Länge der Zylinderachse *III*. Um das Bild nicht undeutlich zu machen, projiziert man sich am besten die beiden so erhaltenen Achsen weiter hinaus, wie in Abb. 83. Hierauf zeichnet man die beiden Zylinder entsprechend ein.

Den Hilfshalbkreis in Abb. 82 mit dem Mittelpunkte e_4 haben wir in 12 gleiche Teile geteilt. Entsprechend teilen wir den Hilfskreis in Abb. 83 in 12 gleiche Teile. Um nun die so bezeichneten Teile der Kreise e_4 und Abb. 83 in Einklang zu bringen, hat man vorerst in Abb. 83 eine Drehung der Hauptachsen um den Winkel α vorzunehmen und danach die Teile aufzutragen und zu numerieren. Dabei ist jedoch zu beachten, daß man die Drehung und Numerierung richtig ausführt. Wie dies auszuführen ist, hängt von den jeweiligen Verhältnissen ab und läßt sich durch eine kurze Überlegung immer leicht und sicher bestimmen. Man muß sich nur festlegen, wie die Achse des Zylinders *III* gedreht wurde, entsprechend ist die Drehung in Abb. 83 durchzuführen. Blickt man in der Richtung

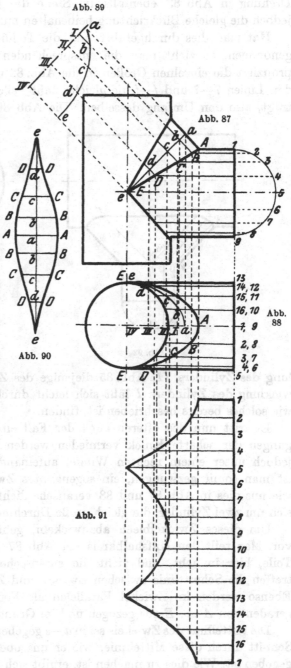

Abb. 89

Abb. 87

Abb. 88

Abb. 90

Abb. 91

der Achse des Zylinders *III* vom Punkte 0_3 aus, so ist in unserem
Falle die Drehung im Sinne des Uhrzeigers erfolgt, folglich erfolgt die
Drehung in Abb. 83 ebenfalls im Sinne des Uhrzeigers, wobei man
jedoch die gleiche Blickrichtung beibehalten muß.

Hat man dies durchgeführt und die Teilung des Hilfskreises vor-
genommen, so zieht man die entsprechenden parallelen Linien und
projiziert die einzelnen Größen in die Abb. 82 und 86, wobei man auf
den Linien *7—7* und *f—f* die gleiche Zahl Teile wie im Hilfskreis aufträgt, also den Umfang desselben. Die Abb. 86 gibt uns die Abwick-

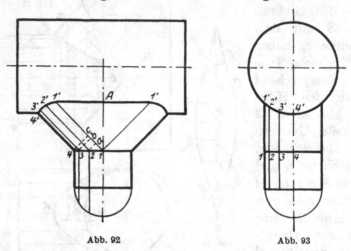

Abb. 92   Abb. 93

lung des Zylinders *II*, Abb. 85 diejenige des Zylinders *III*. Die Abwicklung des Zylinders *I* läßt sich leicht durch einfaches Projizieren,
wie solches bereits beschrieben ist, finden.

Es tritt nun des öfteren auch der Fall ein, daß bei Rohrabzwei-
gungen der scharfe Knick vermieden werden soll, die beiden Rohre
jedoch unter einem rechten Winkel aufeinanderstoßen müssen. Hier
ist man somit gezwungen, ein sogenanntes Zwickelblech einzusetzen,
wie uns dies in Abb. 87 und 88 veranschaulicht wird. Hier handelt es
sich um zwei Zylinder, die gleich große Durchmesser haben.

Um dieses Zwickelblech abzuwickeln, geht man folgendermaßen
vor. Man teilt den Hilfshalbkreis der Abb. 87 in eine Anzahl gleicher
Teile, hier in acht, und zieht die entsprechenden Parallelen. Diese
treffen die Schnittlinie zwischen Zwickel und Zylinder in *A, B ... E*.
Ebenso werden im Zwickel Parallelen als Fortsetzung der Zylinder-
geraden von *A ... E* aus gezogen und im Grundriß entsprechend.

Die Mittellinie des Zwickels sei in *a—e* gegeben. Wir zeichnen nun den
Schnitt durch diese Mittellinie, wie er uns oben seitwärts in Abb. 89
gegeben ist. Wie dies zu machen ist, ergibt sich aus den beiden Abb. 87
und 88 sehr leicht.

Die Strecken *I b*, *II c*, *III d* und *IV e* der Abb. 89 entsprechen denjenigen der Abb. 88, das heißt diese Strecken sind in beiden gleich groß. Abb. 90 zeigt die Abwicklung des Zwickelbleches. Auf einer Linie *e e* werden, von *e* ausgehend, die einzelnen Längen *e d*, *d c*, *c b*, *b a*, *a b* .... *d e* aufgetragen, dieselben werden aus Abb. 89 entnommen. In diesen so erhaltenen Punkten werden Senkrechte errichtet und darauf die Längen *a A*, *b B* .... *d D* aus Abb. 87 aufgetragen. Durch Verbinden der so

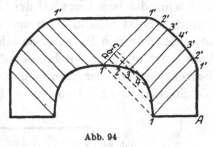

Abb. 94

gefundenen Punkte erhält man die Abwicklung. Abb. 91 zeigt die Abwicklung des Zylinders, die auf bekannte Weise entwickelt wurde.

Abb. 92 zeigt eine andere Art des Stutzenanschlusses, wobei ebenfalls der scharfe Winkel vermieden ist. Man teilt den Umfang des

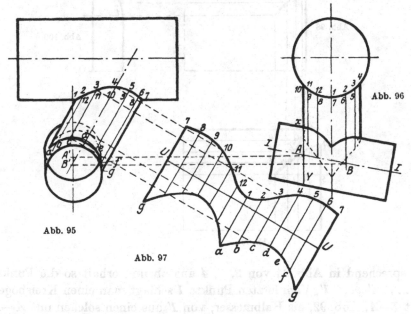

Abb. 95

Abb. 96

Abb. 97

Stutzen in eine Anzahl gleicher Teile. Zieht, wie dies Abb. 92 und 93 zeigen, die entsprechenden Parallelen und lotet aus Abb. 93 die Punkte *1'* ....*4'* in die Abb. 92, verbindet diese Punkte und erhält so die Verschneidungslinien. Von den Punkten *2* ... *4* in Abb. 92 fällt man Senkrechte auf die Linie *1—1'* und erhält die Punkte *a*, *b*, *c*.

Nun zieht man eine Linie, Abb. 94, und trägt aus Abb. 92 die Länge *1'—1'* auf, nimmt *1—1'* in den Zirkel und schlägt in Abb. 94 von *1'* aus Kreise, welche in ihrem Schnittpunkte den Punkt *1* geben. Auf dessen

Verbindungslinie mit *1′* trägt man nun die Abstände *1—a*, *1—b*, *1—c*
aus Abb. 92 auf. In den so erhaltenen Punkten errichtet man Senkrechte
auf *1—1′* in Abb. 94. Nimmt man nun einen Umfangsteil in den Zirkel
und schneidet von *1* aus auf der Senkrechten *a* ab, so erhält man den
Punkt *2*. Setzt man in *2* ein und schneidet auf der Senkrechten *b* ab,
so erhält man den Punkt *3*. So fährt man fort bis man die Punkte erhalten hat und legt durch diese Punkte eine Kurve, so hat man eine
Begrenzungslinie der Abwicklung. Nun nimmt man der Reihe nach
die Strecken *2—2′*, *3—3′*, *4—4′* in Abb. 92 in den Zirkel, schneidet

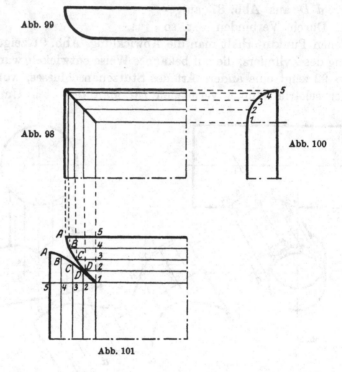

Abb. 99

Abb. 98

Abb. 100

Abb. 101

entsprechend in Abb. 94 von *2*, *3*, *4* aus ab und erhält so die Punkte
1′ . . . . 4′ . . . . 1′. Vom letzten Punkte *1* schlägt man einen Kreisbogen
mit *1—A*, Abb. 92, als Halbmesser, von *1′* aus einen solchen mit *A—1′*
als Halbmesser. Der Schnittpunkt gibt den letzten Punkt der Abwicklung.

Abb. 95 und 96 zeigen eine schwierigere Zylinderverbindung.
Wichtig ist, die Verschneidungslinie der beiden schrägen Zylinder zu
bestimmen. Die des geraden Zylinders mit dem einen schrägen Zylinder
ist leicht auf bekanntem Wege zu finden. Nach Einteilung des Umfanges und Ziehen der Parallelen, wie dies bekannt ist, lotet man den
Punkt *A* von Abb. 96 nach Abb. 95 und erhält so *A′*. Ebenso werden

alle Schnittpunkte der Parallelen mit der Achse *II* von Abb. 96 in die Abb. 95 gelotet, wie dies für *A* und *B* gezeigt ist.

Mit diesen Punkten *A′*, *B′* .... als Mittelpunkten zeichnet man die entsprechenden Schnittbilder. Es sind dies Ellipsen mit der großen

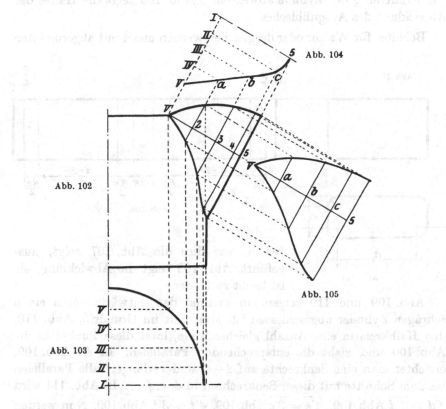

Abb. 104

Abb. 102

Abb. 105

Abb. 103

Achse gleich *x—Y*, Abb. 96, und der kleinen Achse gleich dem Zylinderdurchmesser. Bei kleinen Neigungen kann man ohne großen Fehler auch Kreise entsprechend dem Zylinderdurchmesser ziehen. Dort, wo sich die Schnittbilder mit den zugehörigen Parallelen schneiden, sind Punkte der Verschneidungslinie. Für den Punkt *B′* ist dies in der Abb. 95 gezeigt, gebend die Punkte *c* und *e*.

Die Abwicklung des schrägen Zylinders zeigt uns Abb. 97. Sie ist in bekannter Weise gefunden. *U—U* ist der Zylinderumfang.

Die Abb. 99—101 zeigen die Ecke einer Bierkühle. Die Seitenwände sind zylindrisch nach einem Viertelkreis geformt.

Der Vorgang beim Abwickeln ist sehr einfach und ist leicht aus den Abbildungen zu entnehmen. Die Länge *1—5* in Abb. 101 ist gleich dem Bogen *1—5* in Abb. 100, ebenso ist die Unterteilung die gleiche. Abb. 101 gibt die Abwicklung der Ecke.

Vornstehende Abwicklung zeigt in Abb. 102 einen Zylinder mit angesetztem Ausgußblech, dessen Querschnitt in Abb. 104 gegeben ist. Der Vorgang beim Abwickeln ist leicht aus den Abbildungen erkenntlich und sehr einfach, so daß sich eine Beschreibung erübrigt. Abb. 103 dient zur Ermittlung der Zylinderabwicklung. Abb. 105 zeigt die Hälfte der Abwicklung des Ausgußbleches.

Behälter für Wasser oder dergleichen werden meist mit abgerundeten

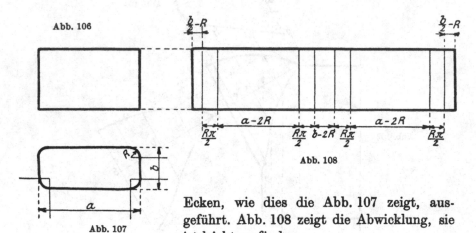

Abb. 106

Abb. 108

Abb. 107

Ecken, wie dies die Abb. 107 zeigt, ausgeführt. Abb. 108 zeigt die Abwicklung, sie ist leicht zu finden.

Abb. 109 und 110 zeigen ein Prisma, das seitwärts durch einen schrägen Zylinder abgeschlossen ist. Man teilt im Grundriß, Abb. 110, den Halbkreis in eine Anzahl gleicher Teile, lotet diese Punkte in die Abb. 109 und zieht die entsprechenden Parallelen. In $4'$, Abb. 109, errichtet man eine Senkrechte auf 4—$4'$ und verlängert alle Parallelen bis zum Schnitte mit dieser Senkrechten in $d, e, f \ldots$ In Abb. 111 wird $\overline{4'd} = \overline{1'd}$ Abb. 109, $\overline{4'e} = \overline{2'e}$ Abb. 109, $\overline{4'f} = \overline{3'f}$ Abb. 109. Nun werden durch diese Punkte Senkrechte auf $4'd$ gezogen.

Auf der durch $4'$ gehenden Linie wählt man einen Punkt und schneidet mit einem der Kreisteile ab in Punkt $3'$, von $3'$ schneidet man nach $2'$ usw. bis zum Punkte $1'$. Durch diese so erhaltenen Punkte zieht man parallele Linien zu $4'$—d in Abb. 111, auf diesen Linien trägt man die Längen 1—$1' \ldots . 4$—$4'$ aus Abb. 109 auf. Nun nimmt man $1'$—E, Abb. 109, in den Zirkel und schlägt von $1'$, Abb. 111, aus einen Kreisbogen, mit a im Zirkel schneidet man von 1 aus ab und kommt so zu Punkt E. Hierauf verbindet man E mit 1 und errichtet in E eine Senkrechte und trägt h auf, so erhält man G. Fügt man noch die halbe Querseite $\dfrac{b}{2}$ an, so ist die Abwicklung gefunden.

Abb. 112 zeigt einen Zylinder mit prismatischem Anschluß, dessen Ecken abgerundet sind und der überdies noch geknickt ist. Die Abb. 115

und 114 zeigen die nötigen Abwicklungen, und ist der hierbei beobachtete Vorgang aus den Abbildungen leicht zu entnehmen.

Aus den gegebenen Abwicklungen von Prismen ist zu entnehmen, daß der Vorgang hierbei immer gleich dem entsprechenden Vorgange bei rein zylindrischen Körpern ist. Es ist daher unnötig, weiter darauf einzugehen.

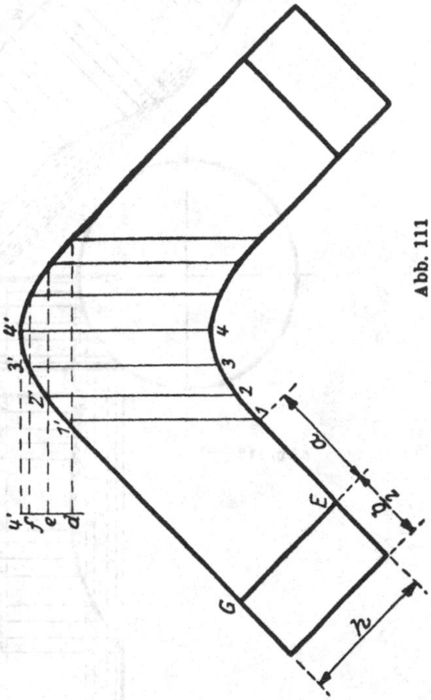

II. Konische Körperformen

A. Grundaufgaben

Während die Zylinder und Prismen verhältnismäßig einfach abzuwickeln waren, gestalten sich die Abwicklungen der konischen Körper ungleich schwieriger. Allerdings sind die Abwicklungen der einfachen Grundformen ebenso einfach als leicht herzustellen, während verschiedene Körperformen ganz neue Abwicklungsverfahren erheischen. Die Abwicklungen selbst sind ganz verschiedengestaltig und weichen in der Form vollständig von den bereits bekannten ab.

Der einfachste konische Körper ist ein Kreiskegel bzw. Kegelstumpf, wie Abb. 116 einen solchen zeigt.

Da die Abwicklung eines Kegelstumpfes die zweimalige Kegelabwicklung ist, so sei mit derselben begonnen.

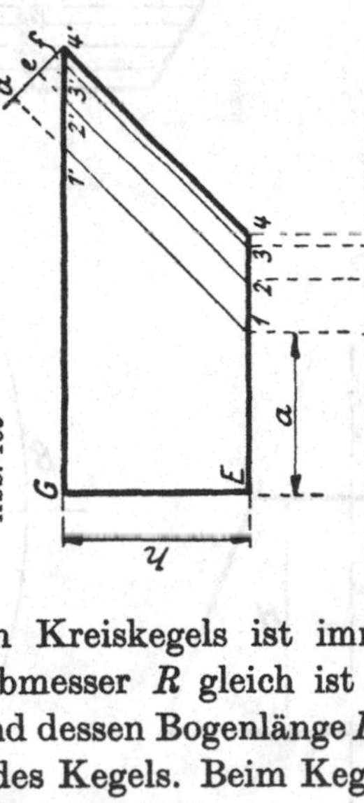

Abb. 111

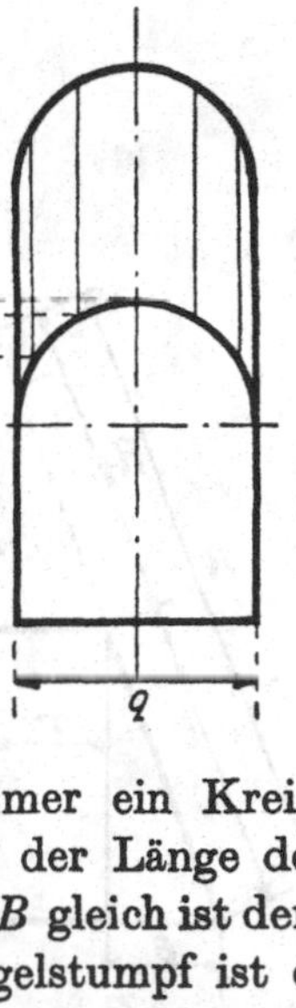

Abb. 110

Abb. 109

Die Abwicklung eines geraden Kreiskegels ist immer ein Kreisausschnitt (Abb. 117), dessen Halbmesser R gleich ist der Länge der kegelerzeugenden R in Abb. 116, und dessen Bogenlänge B gleich ist dem Umfange $2\,r_1\,\pi$ der Grundfläche des Kegels. Beim Kegelstumpf ist es dasselbe, nur für zwei Kegel, dem Hauptkegel, weniger dem abgeschnittenen Kegel. Um die Abwicklung des Kegelstumpfes (Abb. 117)

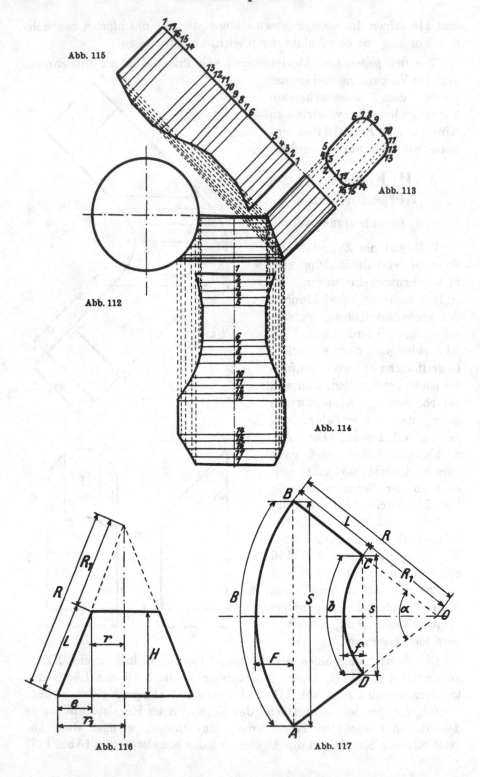

Abb. 115

Abb. 113

Abb. 112

Abb. 114

Abb. 116

Abb. 117

zu finden, muß man zuerst den Halbmesser R bestimmen, mit demselben einen Kreisbogen schlagen (Abb. 117) und darauf den Umfang des großen Grundkreises $2\,r_1\pi$ auftragen. Nun nimmt man R_1 in den Zirkel und zieht einen, zum erstgezeichneten, konzentrischen Kreis. Verbindet man die Punkte A, B mit dem Mittelpunkte O, so erhält man durch die Schnitte mit dem Kreise R_1 die Punkte C, D, und mit ihnen ist die Abwicklung bestimmt. Die Bogenlänge $C\,D$ ist gleich dem Umfange $2\,r\,\pi$ des kleinen Kreises.

Oft ist es nicht möglich, die Länge R zeichnerisch überhaupt oder genau zu bestimmen. Man ist dann genötigt, die notwendigen Größen rechnerisch zu ermitteln. Es wird:

$$L = \sqrt{e^2 + H^2}\,.$$

R läßt sich aus folgendem Verhältnisse ermitteln:

$$L: R = e : r_1 \qquad R = \frac{L \cdot r_1}{e}\,.$$

Aus R und dem Umfange B des großen Kreises läßt sich nun der Zentriwinkel α in Abb. 117 festlegen.

$$\alpha = \frac{B}{\dfrac{2\,R\,\pi}{360}} = \frac{180\,B}{R\,\pi} = \frac{180 \cdot 2 \cdot r_1\,\pi}{R\,\pi} = \frac{360\,r_1}{R} = \frac{360\,e}{L}$$

oder Bogen $\alpha = \operatorname{arc}\alpha = \dfrac{2\,r_1\,\pi}{R}$, wobei man den Winkel α dann aus Tabellen aufschlagen muß.

Es wird weiter:

$$S = 2\,R\,\sin\frac{\alpha}{2} = R \cdot \text{Sehnenlänge } \alpha,$$

$$s = 2\,R_1\,\sin\frac{\alpha}{2} = R_1 \cdot \text{Sehnenlänge } \alpha,$$

$$F = R - R\cos\frac{\alpha}{2} = R\left(1 - \cos\frac{\alpha}{2}\right) = R \cdot \text{Bogenhöhe } \alpha,$$

$$f = R_1 - R_1\cos\frac{\alpha}{2} = R_1\left(1 - \cos\frac{\alpha}{2}\right) = R_1 \cdot \text{Bogenhöhe } \alpha,$$

$$S : s = R : R_1 = F : f = B : b = r_1 : r\,.$$

In jedem Ingenieur-Taschenbuch, z. B. „DUBBEL, Taschenbuch für den Maschinenbau", finden sich hierzu eigene Tabellen, welche in einer Spalte den Winkel α und die zugehörigen Werte für $2\sin\dfrac{\alpha}{2}$ in der Spalte Sehnenlänge, $\left(1 - \cos\dfrac{\alpha}{2}\right)$ unter Bogenhöhe und $\operatorname{arc}\alpha$ unter Bogenlänge enthalten.

Einfacher wird die Rechnung, wenn die folgende Tafel hierzu verwendet wird. Sie gilt allerdings nur für Kegel, welche aus einem Bleche bestehen.

m	länge	rad	α			sehne	pfeil
			°	′	″		
0,01	1,00005	50,00250	3	36	00	3,14122	0,02427
2	1,00020	25,00530	7	11	55	3,13967	0,04977
3	1,00045	16,67400	10	47	42	3,13690	0,07347
4	1,00080	12,50705	14	23	19	3,13343	0,09556
5	1,00125	10,01249	17	58	39	3,12876	0,13197
6	1,00180	8,34837	21	33	40	3,12307	0,14739
7	1,00245	7,16034	25	08	19	3,11650	0,17163
8	1,00319	6,26996	28	42	30	3,10942	0,19573
9	1,00404	5,57800	32	16	11	3,10079	0,22050
0,10	1,00499	5,02494	35	49	17	3,09070	0,23353
11	1,00603	4,57287	39	21	46	3,08004	0,26716
12	1,00717	4,19656	42	53	32	3,06877	0,29056
13	1,00841	3,87852	46	24	34	3,05641	0,31376
14	1,00976	3,60626	49	54	58	3,04336	0,33676
15	1,01119	3,37063	53	24	09	3,02884	0,35946
16	1,01271	3,16475	56	52	46	3,01433	0,38193
17	1,01435	2,98337	60	20	04	2,99844	0,40413
18	1,01607	2,82242	63	46	31	2,98191	0,42595
19	1,01789	2,67866	67	11	43	2,96452	0,44750
0,20	1,01980	2,54951	70	36	08	2,94660	0,46818
21	1,02181	2,43289	73	59	10	2,92783	0,48972
22	1,02391	2,32707	77	22	01	2,90841	0,51032
23	1,02611	2,23067	80	41	36	2,88832	0,53063
24	1,02839	2,14249	84	00	52	2,86746	0,55049
25	1,03078	2,06156	87	18	46	2,84631	0,57004
26	1,03325	1,98701	90	35	17	2,82445	0,58921
27	1,03581	1,91816	93	50	24	2,80205	0,60802
28	1,03846	1,85440	97	04	01	2,77916	0,62645
29	1,04120	1,79517	100	16	04	2,75587	0,64553
0,30	1,04403	1,74005	103	26	43	2,73196	0,66214
31	1,04695	1,68862	106	35	45	2,70772	0,67941
32	1,04995	1,64055	109	43	10	2,68310	0,69628
33	1,05304	1,59552	112	48	58	2,65814	0,71276
34	1,05622	1,55326	115	53	06	2,63283	0,72883
35	1,05948	1,51354	118	55	35	2,60725	0,74452
36	1,06283	1,47615	121	56	21	2,58138	0,75944
37	1,06626	1,44088	124	55	24	2,55525	0,77470
38	1,06977	1,40760	127	52	38	2,52896	0,78920
39	1,07336	1,37610	130	48	17	2,50245	0,80349
0,40	1,07703	1,34629	133	42	03	2,47578	0,81702
41	1,08079	1,31803	136	34	03	2,44898	0,83035
42	1,08462	1,29121	139	24	13	2,42460	0,84721
43	1,08853	1,26574	142	12	36	2,39506	0,85585
44	1,09252	1,24150	144	59	10	2,36792	0,86803
45	1,09658	1,21843	147	43	54	2,34087	0,87985
46	1,10073	1,19644	150	26	37	2,31373	0,89126
47	1,10494	1,17547	153	07	49	2,28661	0,90236
48	1,10923	1,15545	155	47	04	2,25950	0,91310
49	1,11360	1,13632	158	24	32	2,23237	0,92349

m	länge	rad	α			sehne	pfeil
			°	′	″		
0,50	1,11803	1,11804	160	59	50	2,20539	0,93349
51	1,12254	1,10053	163	33	27	2,17844	0,94676
52	1,12712	1,08379	166	05	14	2,15151	0,95253
53	1,13177	1,06770	168	35	10	2,12483	0,96153
54	1,13649	1,05230	171	04	07	2,09821	0,97037
55	1,14127	1,03752	173	29	28	2,07169	0,97842
56	1,14612	1,02333	175	53	51	2,04534	0,98670
57	1,15104	1,00971	178	16	11	2,01919	0,99447
58	1,15603	0,99658	180	37	05	1,99312	1,00195
59	1,16108	0,98396	182	55	59	1,96728	1,00914
0,60	1,16619	0,97182	185	13	07	1,94159	1,01607
61	1,17137	0,96013	187	28	25	1,91619	1,02270
62	1,17661	0,94887	189	41	55	1,89095	1,02909
63	1,18190	0,93802	191	53	40	1,86595	1,03521
64	1,18727	0,92755	194	03	35	1,84114	1,04107
65	1,19269	0,91745	196	11	45	1,81236	1,04693
66	1,19812	0,90767	198	18	38	1,79222	10,5001
67	1,20370	0,89828	200	22	56	1,76824	1,05721
68	1,20930	0,88919	202	25	55	1,74441	1,06215
69	1,21495	0,88039	204	27	12	1,72086	1,06684
0,70	1,22066	0,87190	206	26	48	1,69766	1,07134
71	1,22642	0,86368	208	24	43	1,67453	1,07563
72	1,23232	0,85572	210	20	54	1,65188	1,07989
73	1,23810	0,84802	212	15	38	1,62928	1,08362
74	1,24403	0,84055	214	08	38	1,60704	1,08765
75	1,25000	0,83333	216	00	00	1,58509	1,09085
76	1,25603	0,82634	217	49	48	1,56340	1,09495
77	1,26210	0,81955	219	38	03	1,54202	1,09766
78	1,26823	0,81297	221	24	43	1,52090	1,10041
79	1,27440	0,80658	223	09	50	1,50008	1,10327
0,80	1,28063	0,80039	224	53	26	1,47948	1,10602
81	1,28689	0,79438	226	35	32	1,45923	1,10854
82	1,29321	0,78855	228	18	08	1,43903	1,11091
83	1,29958	0,78288	229	55	16	1,41951	1,11325
84	1,30599	0,77737	231	32	58	1,40039	1,11540
85	1,31244	0,77202	233	09	15	1,38089	1,11743
86	1,31894	0,76682	234	44	04	1,36200	1,11932
87	1,32548	0,76177	236	17	33	1,34337	1,12112
88	1,33207	0,75686	237	49	35	1,32503	1,12279
89	1,33869	0,75207	239	20	18	1,30695	1,12434
0,90	1,34536	0,74742	240	49	38	1,28915	1,12579
0,95	1,37931	0,72595	247	57	00	1,20404	1,13164
1,00	1,41421	0,70712	254	33	27	1,12523	1,13531
05	1,45100	0,69048	260	41	17	1,05246	1,13749
10	1,48661	0,67573	266	22	44	0,98534	1,13821
15	1,52398	0,66260	271	39	29	0,92063	1,13920
20	1,56205	0,65085	276	33	36	0,85833	1,13665
25	1,60078	0,64031	281	06	47	0,81360	1,13478
30	1,64012	0,63082	285	20	41	0,76504	1,13243

m	länge	rad	α			sehne	pfeil
			°	′	″		
1,35	1,68003	0,62223	289	16	52	0,72018	1,12968
40	1,72047	0,61445	292	56	38	0,67878	1,12667
45	1,76139	0,60738	296	21	24	0,64051	1,12347
50	1,80278	0,60093	299	32	17	0,60512	1,11899
55	1,84458	0,59503	302	30	26	0,57234	1,11671
60	1,88680	0,58962	305	16	48	0,54226	1,11329
65	1,92938	0,58466	307	52	17	0,51408	1,10986
70	1,97231	0,58009	310	17	47	0,48764	1,10646
75	2,01557	0,57587	312	34	10	0,46322	1,10311
80	2,05913	0,57198	314	41	34	0,44062	1,09983
85	2,10298	0,56837	316	41	43	0,41942	1,09664
90	2,14709	0,56502	318	34	15	0,39971	1,09352
95	2,19136	0,56192	320	20	05	0,38128	1,08830
2,00	2,23607	0,55902	321	56	50	0,36448	1,08750
10	2,32594	0,55380	325	01	48	0,33279	1,08201
20	2,41661	0,54928	327	42	08	0,30555	1,07689
30	2,50799	0,54521	330	08	43	0,28089	1,07212
40	2,60000	0,54167	332	18	28	0,25926	1,06760
50	2,69258	0,53852	334	15	08	0,23997	1,06350
60	2,78568	0,53571	336	00	17	0,22260	1,05971
70	2,87924	0,53319	337	35	19	0,20723	1,05622
80	2,97321	0,53092	339	02	44	0,19309	1,05296
90	3,06757	0,52889	340	20	05	0,18064	1,05001
3,00	3,16228	0,52705	341	31	34	0,16920	1,04726
50	3,64006	0,52001	346	08	55	0,12541	1,03623
4,00	4,12311	0,51539	349	15	08	0,09654	1,02847
50	4,60978	0,51220	351	25	40	0,07656	1,02297
5,00	5,09902	0,50990	353	00	33	0,06217	1,01880
6,00	6,08276	0,50690	355	06	06	0,04303	1,01334
7,00	7,07107	0,50508	356	22	56	0,03189	1,00993
8,00	8,06226	0,50396	357	10	15	0,02488	1,00777
9,00	9,05539	0,50308	357	47	57	0,01932	1,00606
10,00	10,04999	0,50249	358	12	48	0,01567	1,00492

Unter Beibehaltung der Bezeichnungen der Abb. 116 und 117 wird:

$$\frac{e}{H} = m.$$

Die Tafel gibt für einzelne m-Werte sofort den zugehörigen Zentri-winkel und die Grundmaße für R, S, F und L. Es ist

$$L = H \cdot \text{länge},$$
$$R = D \cdot \text{rad}, \qquad R_1 = d \cdot \text{rad},$$
$$S = D \cdot \text{sehne}, \qquad s = d \cdot \text{sehne},$$
$$F = D \cdot \text{pfeil}, \qquad f = d \cdot \text{pfeil},$$

wobei $\quad D = 2\,r_1, \qquad\qquad d = 2\,r.$

Ist die Konizität $2\,e$ sehr klein, wie z. B. bei konischen Blech-schüssen, wie solche Abb. 118 zeigt, so wird der Halbmesser R sehr

groß, die Länge L unterscheidet sich fast gar nicht von H, ebenso wird
F sehr klein. Für diesen Fall sei in nachstehendem eine Formel für F
gegeben: $F = \dfrac{5\,D\,e}{2\,L}$, wenn der ganze Schuß aus einem Bleche im Umfange besteht, und $F_1 = \dfrac{5\,D\,e}{8\,L}$ bei 2 Blechen im Umfange.

Schwach kegelige Schüsse lassen sich auch auf folgende Art abwickeln. Abb. 119 zeige den abzuwickelnden Kegel. Auf der Linie
$B'\,A'$ in Abb. 120 trägt man
die Kegelhöhe $A\,B$ aus
Abb. 119 auf und erhält so
die Punkte A' und B'; in
diesen Punkten errichtet
man Senkrechte, auf denen
man nach beiden Seiten je
den halben großen und
halben kleinen Umfang aufträgt. Die Strecken $C\,B'$ und $D\,A'$ werden

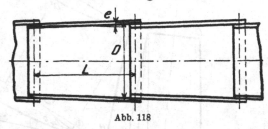

Abb. 118

halbiert, die so erhaltenen Punkte G und H durch eine Gerade verbunden.
In der Halbierung J errichtet man eine Senkrechte auf $G\,H$, welche die
Linien $C\,D$ in E und $B'\,A'$ in F schneidet. Von F aus trägt man bis
K die Strecke $C\,E$ und nach abwärts bis L die Strecke $E\,D$ auf. Durch
die Punkte $C\,K\,C'$ und $D\,L\,D'$ legt man in bekannter Weise (Seite 96, 97)
Kreisbogen, auf denen man die zugehörigen Umfänge aufträgt.

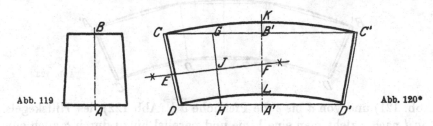

Abb. 119   Abb. 120

Es kommt oftmals vor, einen Kegelstumpf abwickeln zu müssen, bei
dem der Halbmesser R sehr groß wird, und kann dies auf folgende Weise
tun. Man zieht zur Seite $A\,D$ in Abb. 121 eine parallele Linie durch den
Punkt C und erhält so den Punkt E. Hierauf wickelt man in Abb. 122
einen Kegel ab, mit der Seite $\overline{B\,C}$ und dem Durchmesser $\overline{E\,B}$. $C'\,B'\,b\,B''\,C'$
sei diese Abwicklung. Auf $B'\,C'$ trägt man die Hälfte von $\overline{E\,B}$ auf und
erhält H, ebenso die Hälfte von $\overline{B\,A}$ und erhält J. Auf die beiden Seiten
$C'\,B'$, $C'\,B''$ errichtet man Senkrechte in den Punkten B'', B' und erhält
so den Punkt F. Die Sehne $\overline{B'\,B''}$ wird verlängert. Nun zieht man eine
Linie durch die Punkte H und F und zu dieser eine Parallele durch J
und erhält im Schnittpunkte mit $B'\,F$ den Punkt G. Von diesem errichtet man eine Senkrechte auf die verlängerte Sehne $B'\,B''$ und trägt

$\overline{d\,B'}$ nach der anderen Seite auf und erhält in $\overline{B'\,B'}$ die wahre Sehnenlänge des abzuwickelnden Kegelstumpfes. Zieht man noch die zweite
Linie $G\,B'$, errichtet auf dieselbe im neuen Punkte B' eine Senkrechte

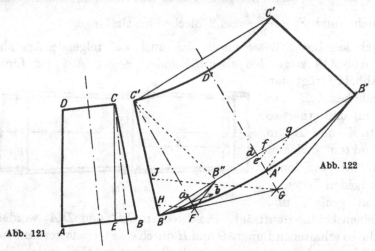

Abb. 122

Abb. 121

und trägt hierauf $\overline{B'\,C'}$ auf, so haben wir die zweite der beiden geraden
Begrenzungslinien gefunden. Auf der Sehne trägt man von d nach f
die Hälfte von $\overline{E\,B}$ (Abb. 121) auf, von d bis g die Hälfte von $\overline{A\,B}$

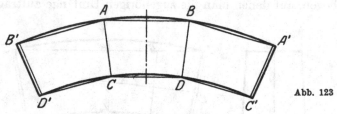

Abb. 123

(Abb. 121) und von d bis e die Pfeilhöhe $\overline{a\,b}$ (Abb. 122) des Hilfskegels.
Von f nach e zieht man eine Linie und parallel hinzu durch g auch eine
Linie und erhält so den Punkt A'.

Es sind nun von der kreisförmigen Begrenzungslinie drei Punkte
B', A' und B' gegeben, durch welche man auf die Seite 97 beschriebene
Art einen Kreisbogen legen kann. Trägt man noch auf der Linie $d\,G$
von A' die Strecke $\overline{A\,D}$ (Abb. 121) auf, so gibt D' den dritten Punkt des
oberen Kreisbogens.

Falls die Linien $H\,F$ und $J\,G$ mit der Geraden $B'\,G$ zu ungenaue
Schnittpunkte ergeben sollten, so trägt man anstatt der Hälften von
$\overline{A\,B}$ und $\overline{E\,B}$ (Abb. 121) immer die ganzen Strecken auf.

Will man ohne viel Rechnerei den Kegel abwickeln und hat man
auch nicht genügend Platz, um den Halbmesser R zeichnerisch zu finden,
so geht man so vor, wie dies in Abb. 123 gezeigt ist. Man zeichne sich

den abzuwickelnden Kegel *A B C D* auf und setzt an die Seiten *A B*
und *C D* noch einmal den Kegel an. Durch die Punkte *B′ A B A′* sowie
D′ C D C′ legt man Kreisbogen (Seite 96, 97), auf denen die entsprechenden Bogenlängen abgetragen werden. Die endgültige Abwicklung
reicht um ein Kleines über die drei zusammengelegten Kegel hinaus.

Nun wollen wir einen Kegel abwickeln, dessen Grundfläche eine
Ellipse ist (Abb. 125). Zunächst teilt man ein Viertel des Ellipsen-
umfanges in eine Anzahl gleicher Teile. Zur Teilung genügt ein Viertel
der Ellipse, da sich der Vorgang naturgemäß für alle 4 Viertel gleich
bleibt. Hiernach zieht man die Strahlen *0 2, 0 3 ... 0 6*. Nun setzt
man in *0* mit Zirkel ein und schlägt durch *1 ... 6* Kreisbogen, welche

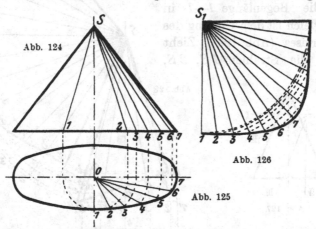

Abb. 124

Abb. 126

Abb. 125

die Mittellinie *0 7* schneiden, und projiziert diese so erhaltenen Punkte
in den Aufriß (Abb. 124) und verbindet die neuen Punkte
1 ... 6 mit der Spitze *S* des Kegels. Auf einer geraden Linie markiert
man den Punkt *S₁* (Abb. 126) und trägt auf derselben von *S₁* aus die
Strecke $\overline{S\,1}$ aus Abb. 124 auf. Sodann schlägt man mit den Strecken
$\overline{S\,2}$, $\overline{S\,3}$, $\overline{S\,4}$ ... $\overline{S\,7}$ Kreisbogen, indem man *S₁* als Mittelpunkt benutzt. Nimmt man nun einen Teil ($\overline{12}$) des Ellipsenumfangs in den Zirkel
und schneidet von *1* ausgehend (Abb. 126), auf den einzelnen Kreisbogen ab, so erhält man die Punkte *1, 2, 3, 4 ... 7*. Durch Verbinden
dieser Punkte mittels einer Kurve erhält man die gesuchte Begrenzungslinie. Abb. 126 gibt nur die Hälfte der Abwicklung.

Genau so geht man vor, wenn die Grundfläche anders begrenzt ist.

Wird ein senkrechter Kreiskegel, dessen Grundfläche also ein Kreis
ist, durch eine Ebene geschnitten, so entstehen je nach der Lage dieser
Ebene, Abb. 127, verschiedene Schnittlinien, die Kegelschnittlinien. Mehr
hierüber siehe Seite 105—107.

Ist der Kreiskegel schräg abgeschnitten, so geht man wie folgt vor:
Der Grundriß (Abb. 129) des ergänzten Kegels wird in eine Anzahl

gleicher Teile geteilt, und diese Teile werden in den Aufriß (Abb. 128) projiziert. Die Punkte *2′*, *3′*, *4′* .... *6′* werden mit der Spitze *S* verbunden. Diese Verbindungslinien schneiden sich mit der Linie *a 7′*, dem Aufriß der schrägen neuen Grundfläche, in den Punkten *b*, *c*, *d*, *e*, *f*. Durch diese Punkte zieht man Parallele zu *1′ 7′* und erhält so die Schnittpunkte *a′*, *b′*, *c′*, *d′*, *e′*, *f′*. Man setzt nun in *S* ein und schlägt mit *S 7′* als Halbmesser einen Kreisbogen und trägt darauf genau dieselbe Anzahl Teile auf, die man im Grundriß hat, ebenso ist die Größe der Teile gleich, so daß die Bogenlänge *1—1* in Abb. 130 gleich ist dem Umfang des Grundrißkreises (Abb. 129). Zieht man nun die Strahlen *1 S*, *2 S*,

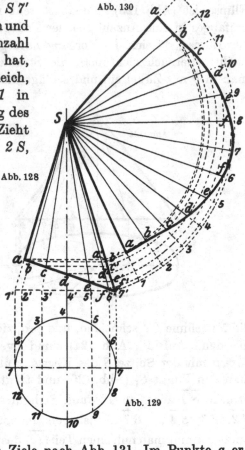

Abb. 130

Abb. 128

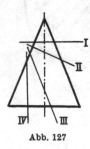

Abb. 127

3 S .... *12 S*, *1 S* und die konzentrischen Kreise durch *a′*, *b′*, *c′*, *d′*, *e′*, *f′*, so erhält man in den Schnittpunkten *a*, *b*, *c*, *d* .... *a* Punkte der die Abwicklung begrenzenden Kurve (Abb. 130).

Abb. 129

Schneller kommt man zum Ziele nach Abb. 131. Im Punkte *a* errichten wir eine Senkrechte auf *a S*, welche die Kegelmittellinie in *d* trifft, von *d* aus ziehen wir eine Senkrechte auf *a b*, welche die Erzeugende *a S* in *e* trifft. Die Strecke $\overline{e\,a}$ gibt uns den Krümmungsradius der Abwinklung im Punkte *a*, Abb. 132, also $R_1 = \overline{e\,a}$. In gleicher Weise gehen wir im Punkte *b* vor. *b f* ist senkrecht auf *b S*, *f g* ist senkrecht auf *a b* und $\overline{b\,g} = R_2$.

Zuerst wickeln wir den Kegelstumpf *c b k l* und bestimmen die Punkte *n*, *a*, *n* in Abb. 132 in gewohnter Weise, schlagen mit R_1 in *a* den Krümmungsbogen und mit R_2 in *b*, Abb. 132. Die zwischen den Bogen liegende Kurve ziehen wir frei, wodurch sich allerdings eine gewisse Fehlerquelle ergibt, die sich aber bei kleinen Gegenständen und geringen Blechstärken nicht besonders auswirken dürfte.

In Abb. 133 bis 136 ist die Durchdringung eines Kegels mit einem Zylinder abgewickelt, und zwar stößt der Kegel schräg durch den Zylinder. In den Abb. 133 und 134 zieht man die Hilfshalbkreise und teilt sie in gleiche Anzahl gleicher Teile und zieht in Abb. 133 die Strahlen zur Spitze. In Abb. 134 zieht man die Strahlen $1'\,S_1,\ 2'\,S_1\ldots$. Die Schnittpunkte dieser Strahlen mit dem Zylinder projiziert man aus der Abb. 134 in die Abb. 133, wie dies für einen Punkt gezeigt ist. Man erhält so die

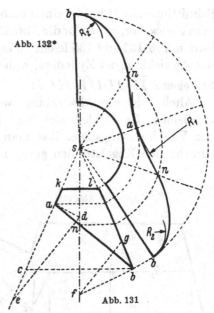

Abb. 132*

Abb. 131

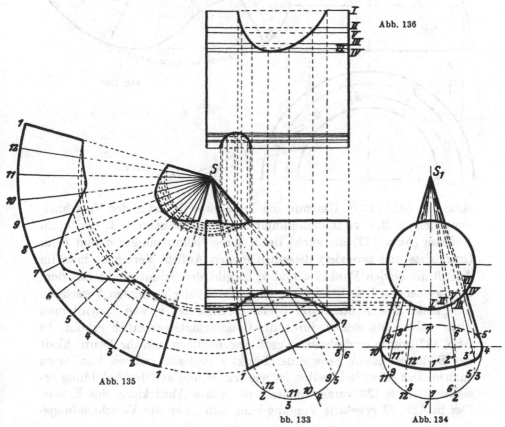

Abb. 136

Abb. 135

bb. 133

Abb. 134

Schnittlinien in Abb. 133. Um die Abwicklung (Abb. 135) zu erhalten, geht man ebenso vor, wie es für die Abb. 130 beschrieben ist. Der ganze Vorgang ist den Abb. 133 und 135 leicht zu entnehmen. Abb. 136 zeigt die Hälfte der Abwicklung des Zylinders, wobei zu bemerken ist, daß die einzelnen Strecken $\overline{I\ II}$, $\overline{II\ III}$, $\overline{III\ IV}$ .... aus der Abb. 134 entnommen sind.

Ähnlich ist die Abwicklung, wenn zwei sich schneidende Konusse erscheinen. Es handelt sich hier hauptsächlich um die Bestimmung der Verschneidungslinie. Hat man den Hilfskreis geteilt und die entsprechenden Kegelstrahlen gezogen (Abb. 137), so entwickelt man den

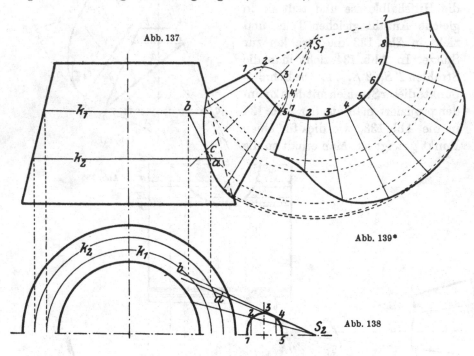

Abb. 137

Abb. 139*

Abb. 138

Grundriß (Abb. 138). Um nun die Lage eines Punktes der Verschneidungslinie, z. B. c, zu finden, nimmt man zwei Grenzkreise k_1 und k_2 im Aufrisse (Abb. 137) an, sucht dann deren Schnittpunkte a und b im Grundrisse und projiziert dieselben in den Aufriß. Verbindet man im Aufriß die beiden Punkte a und b, so gibt der Schnittpunkt mit dem entsprechenden Kegelstrahl in c einen Punkt der gesuchten Verschneidungslinie. Den Abstand der beiden Grenzkreise k_1 und k_2 wird man klein wählen, da sich dadurch die Genauigkeit wesentlich erhöht. In Abb. 137 wurde er deshalb so groß angenommen, um die Deutlichkeit des Bildes zu heben. So wie der Punkt c sind alle anderen Punkte zu suchen. Das Abwickeln selbst ist wie früher und aus der Abbildung ersichtlich. Abb. 139 veranschaulicht die ganze Abwicklung des Konus. Der in Abb. 22 gegebene Vorgang zum Aufsuchen der Verschneidungslinie hat auch hier Gültigkeit, wie in Abb. 140 gezeigt. Bezüglich der Erklärung gilt hier auch das auf Seite 13 Gesagte. Zu bemerken ist, daß die in Abb. 137—139 gezeigte Konstruktion nur eine annähernde und die nach Abb. 140 vorzuziehen ist.

In Abb. 141 bis 143 wird ein schiefer Kegel abgewickelt:

Man teilt den großen Kreis (Abb. 142) in eine Anzahl gleicher Teile und zieht die nötigen Verbindungslinien zum Punkte *1*, in deren Schnitt-

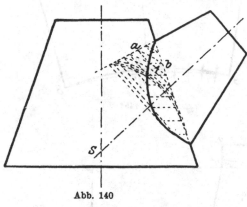

Abb. 140

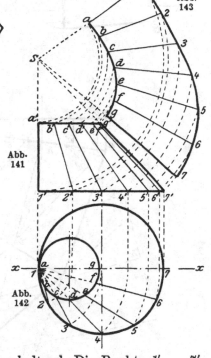

Abb. 143

Abb. 141

Abb. 142

punkten mit dem kleinen Kreis wir die Punkte *a* ... *g* und zugleich die entsprechende Teilung des kleinen Kreises erhalten. Nun setzt man in *1* (Abb. 142) mit dem Zirkel ein und beschreibt eine Anzahl Kreise, die durch die Punkte *2* ... *6* gehen und an der Linie *x—x* endigen. Von dieser Linie aus projiziert man die so erhaltenen Punkte in die Abb. 141, die Punkte *1'* ... *7'* erhaltend. Die Punkte *1'* ... *7'* (Abb. 141) werden mit der Spitze *S* des Kegels verbunden, wobei man zugleich die Punkte *a'* ... *g'* erhält. Jetzt benutzt man *S* als Mittelpunkt und zieht sowohl durch die Punkte *1'* ... *7'*, als auch durch die Punkte *a'* ... *g'* Kreise. Man nimmt einen Teil *1—2* des großen Kreises in den Zirkel und schneidet vom angenommenen Punkte *7* (Abb. 143), der jedoch auf dem durch den Punkt *7'* gehenden Kreise liegen muß, nach dem durch *6'* gehenden Kreise ab, hierauf von *6* (Abb. 143) nach dem durch *5'* gehenden usw. Von den so gewonnenen Punkten *7* ... *1* (Abb. 143), die man vorher durch eine Kurve verbunden hat, zieht man nach *S* Linien, in deren Schnittpunkten mit den zugehörigen Kreisen man die Punkte *g* ... *a* erhält, welche ebenfalls durch eine Kurve verbunden werden. Die so gewonnene Abwicklung wird durch Abb. 143 gezeigt.

Wird bei einem solchen Kegel der Unterschied zwischen beiden Durchmessern klein, so daß die Spitze S zu weit hinausrückt, so kann der schiefe Kegel wie folgt abgewickelt werden.

Der in Abb. 144 gezeichnete schiefe Kegel $A\,B\,C\,D$ wird wie gezeigt

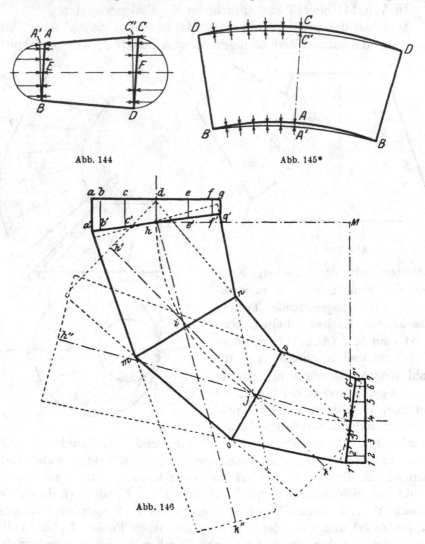

Abb. 144　　　　　　　　　　　　Abb. 145*

Abb. 146

in den geraden Kegel $A'\,B\,C'\,D$ umgewandelt, in dem man $A'\,B$ und $C'\,D$ senkrecht auf die Mittellinie $E\,F$ zieht.

Dieser gerade Kegel wird wie bereits beschrieben abgewickelt, und in der Abwicklung Abb. 145 werden die durch Pfeile begrenzten Strecken aus Abb. 144 beim großen Durchmesser zugegeben und beim kleinen weggenommen. Man erhält so die gesuchte Abwicklung. Dies ist jedoch nur, wie bereits gesagt, für kleine Konizitäten zulässig.

Des öfteren ist es nötig, einen konischen Krümmer in eine Rohrleitung einzubauen. Um denselben leicht abwickeln zu können und
in jedem Schusse die gleiche Verjüngung zu erhalten, wird man ihn
ähnlich wie Abb. 146 bauen. Gegeben ist der Krümmungskreis
$h—i—j—k$ mit dem Mittelpunkte M. Man wählt zuerst die Schuß-
zahl, hier 3, und zwar sind $h—i$, $i—j$ und $j—k$ je ein Drittel des Kreisbogens. Durch h und i, i und j, j und k zieht man Gerade. Von i bis k''

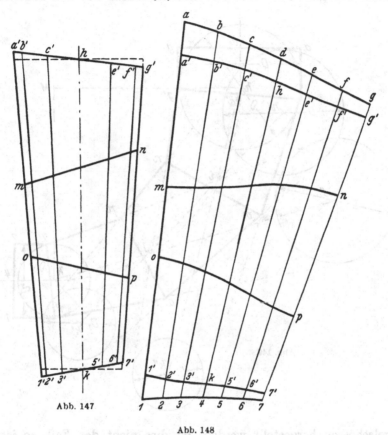

Abb. 147   Abb. 148

trägt man die Sehnenlängen $\overline{i—j}$ und $\overline{j—k}$ auf; von i bis h' die Sehne
$\overline{i—h}$ und von j bis k' die Sehne $\overline{j—k}$; von j bis h'' die Sehnen $\overline{i—j}$ und
$\overline{h—i}$, so daß die Längen $\overline{h—k''}$, $\overline{h'—k'}$ und $\overline{h''—k}$ einander gleich sind
und immer die Summe der Sehnen $\overline{h—i}$, $\overline{i—j}$, $\overline{j—k}$ geben. Diese Linien
sind nun immer die Mittellinien für drei gleich große Kegelstümpfe,
welche die beiden zu verbindenden Querschnitte als Grundflächen haben
und deren Schnittlinien Gerade sind, welche jedoch nicht durch Punkte i
und j gehen. Die Anschlußzylinder verschneiden sich mit den End-
kegeln in Geraden, die nicht durch h und k gehen.

Steckt man die so gewonnenen Schüsse nach Art der Abb. 147 zusammen, so erhält man einen einzigen Kegel, dessen Abwicklung Abb. 148 zeigt, samt den Schnittlinien m—n und o—p. Die Stücke $\overline{a\text{—}a'}$ usw. werden aus Abb. 146 abgenommen. Die Abwicklung des Kegels selbst ist bekannt und leicht durchzuführen.

Dies kann man nur dann so durchführen, wenn die anschließenden Zylinder nur ganz kurz sind und durch Bördeln aus den zugehörigen

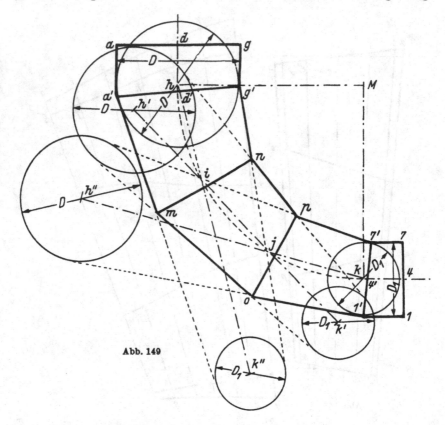

Abb. 149

Kegelschüssen hergestellt werden. Ist dies nicht der Fall, so ist der Krümmer nach Abb. 149 zu bauen: die zugehörigen Abwicklungen sind leicht zu finden, doch dürfen die anschließenden Zylinderstücke nicht an die Kegelstücke wie in Abb. 148 angeschlossen werden, sondern müssen für sich abgewickelt werden. Hierbei ist $ih' = ih$, $jh'' = ij + ih$, $jk' = jk$ und $ik'' = ij + jk$.

Sind zwei Zylinder durch einen Kegel zu verbinden, wie dies Abb. 150 zeigt, so bestimmt man sich zuerst den nötigen Kegel, indem man mit den Schnittpunkten der Achsen, also P und P_1 als Mittelpunkte Kreise zieht, welche die entsprechenden Durchmesser wie die zu verbindenden Zylinder besitzen. Die Tangenten an diesen

beiden Kreisen ergeben die Erzeugenden des gesuchten Kegels, dessen
Spitze in *S* liegt. Die Schnittlinien zwischen dem Kegel und den
beiden Zylindern ist leicht gefunden, da sie
wie bekannt Gerade sind.

Nun wählt man auf der Kegelachse einen
Punkt *0*, zieht auf die Achse durch *0* eine
Senkrechte und erhält so die beiden Punkte

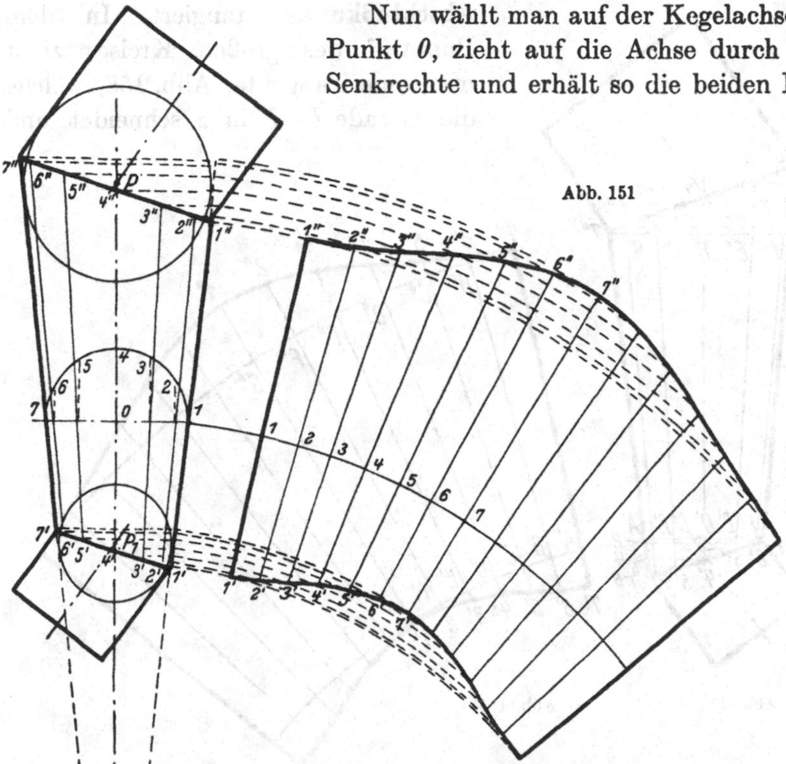

Abb. 150

Abb. 151

1 und 7. Mit $\overline{01}$ als Halbmesser schlägt man einen
Halbkreis und teilt diesen in eine Anzahl gleicher
Teile, hier 6. Diese Punkte lotet man zurück auf die
Linie *1—7*. Zieht man nun durch die Spitze *S* und
diese neuen Punkte Linien, so erhält man die Punkte
1′ ... 7′ und *1″ ... 7″*.

Die Abwicklung des Kegels ist nach bekannter
Art durchzuführen und aus Abb. 151 leicht ersichtlich.

Sollte der Kegel so gestaltet sein, daß seine Spitze
nicht mehr in der Zeichenebene erreichbar ist, so fällen
wir von den Punkten *7″* und *1′* Senkrechte auf die Achse des Kegels
Abb. 152 und wickeln den so entstandenen Kegelstumpf *7″ G″—1′ A′*
in gewohnter Weise ab und geben dann die Fehlstücke *1″ G″*,
2 G″ ... und *7′ A′, 6 A′ ...* hinzu, ähnlich wie bereits bei Abb. 144,
145 beschrieben.

Wenn zwei Zylinder nach Abb. 154 durch ein konisches Zwischenstück zu verbinden sind, führt folgendes Verfahren zum Ziele. Wir denken uns das Zwischenstück durch eine größere Anzahl von Ebenen eingehüllt, deren jede das Zwischenstück längs einer Geraden berührt und die beiden Abschlußkurven tangiert. In dem Punkte *1* des großen Kreises zieht man eine Tangente, Abb. 155, welche die Gerade *I—I* in *z* schneidet und

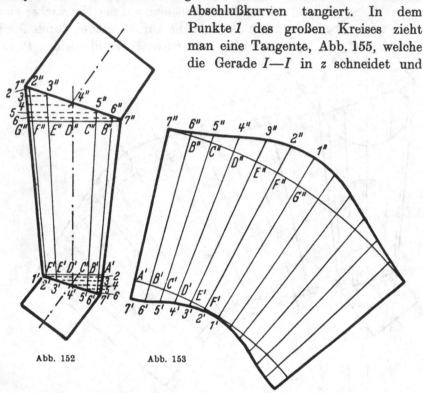

Abb. 152   Abb. 153

zieht von *z* eine Tangente an die obere Grenzkurve, hier eine Ellipse und erhält so den Punkt *b*. Der Punkt *1* kann beliebig gewählt werden oder der große Kreis wie gewohnt geteilt werden. Nun ziehen wir die Linie *1 b* bis sie die Linie *08* in *G* trifft. Alle diese Punkte lotet man in Abb. 154 und erhält so die Punkte *0′, a′, 1′, b′* und *G′*. Den Punkt *G′* projizieren wir aus Abb. 154 in die Abb. 156 und erhalten so den Punkt *G″*. Von *S* in Abb. 156 trägt man die Strecke *1G* aus Abb. 155 auf, so *1″* erhaltend. *1″ G″* (Abb. 156) gibt die wahre Länge von *1 G*. So verfährt man für alle Punkte.

Auf einer Geraden trägt man in Abb. 157 die Länge *0′ G′* aus Abb. 154 auf, so die Punkte *0* und *G* (Abb. 157) erhaltend. Von *0* aus schlägt man einen Kreisbogen mit der Bogenlänge *0 1* (aus Abb. 155) als Halbmesser. Hierauf nimmt man *G″ 1″* aus Abb. 156 in den Zirkel und schneidet von *G* aus in Abb. 157 ab, so *1* erhaltend. *1* wird mit *G* verbunden. Von *1*, Abb. 157, trägt man *1″ F‴* aus Abb. 156 auf und erhält so *F*. Von *1* (Abb. 157) schlägt man einen Kreisbogen mit *12* aus Abb. 155, von *F* aus

schneidet man mit $2''\,F''$ aus Abb. 156 ab und erhält so 2. Alle anderen
Punkte werden in gleicher Weise gefunden und damit die Abwicklung,
Abb. 157.

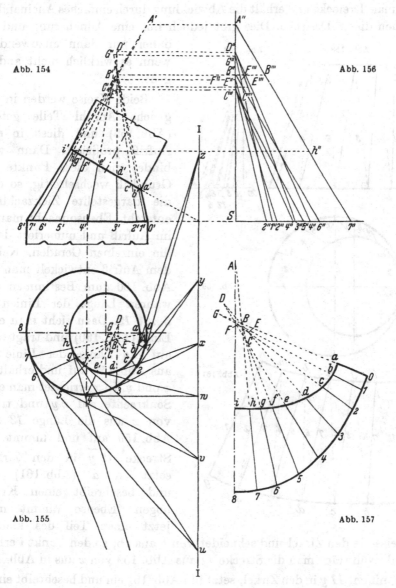

Abb. 154

Abb. 156

Abb. 155

Abb. 157

Auf diese Art lassen sich sehr viele unregelmäßige Körper abwickeln,
ganz besonders, wenn bei der Konstruktion schon hierauf Bedacht
genommen wurde.

Die Abb. 158 und 159 zeigen einen Kegelstumpf, wie ein solcher
bereits in Abb. 141—143 abgewickelt wurde. Hier wird er benutzt,

eine neue Art der Abwicklung zu erklären, mit deren Hilfe sich dann auch die allerschwierigsten Körperformen abwickeln lassen, es ist das Dreiecksverfahren. Es zerlegt die abzuwickelnde Fläche in einzelne schmale Dreiecke und erhält die Abwicklung durch einfaches Aneinanderreihen dieser Dreiecke. Dies gibt jedoch nur eine Annäherung und ist daher nur dann anzuwenden, wenn es wirklich nicht anders geht.

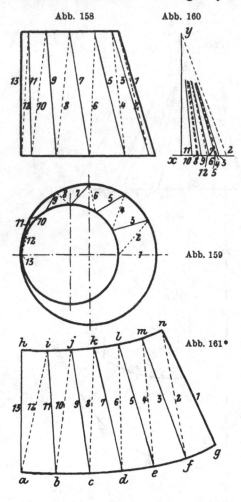

Abb. 158   Abb. 160

Abb. 159

Abb. 161

Beide Kreise werden in die gleiche Anzahl Teile geteilt (Abb. 159) und diese in den Aufriß projiziert. Dann verbindet man diese Punkte im Grundriß wechselseitig, so daß die dargestellte Zickzacklinie entsteht. Ebenso macht man es im Aufriß und numeriert dann die einzelnen Geraden. Neben dem Aufriß entwickelt man die Abb. 160 zum Bestimmen der wahren Länge der Linien 2, 3 ... 12. Dazu zieht man eine Linie (Abb. 160) und trägt darauf die Länge der Linie 13 aus Abb. 158 auf und erhält so x und y. In x errichtet man eine Senkrechte auf x y und trägt von x aus die Länge 12 aus Abb. 159 auf und nimmt die Strecke $\overline{12\,y}$ in den Zirkel, setzt in a (Abb. 161) ein und beschreibt einen Kreisbogen. Ebenso nimmt man jetzt einen Teil des kleinen Kreises in den Zirkel und schneidet von h aus ab, so den Punkt i erhaltend. Nun trägt man die Strecke 11 aus Abb. 159 von x aus in Abb. 160 auf, nimmt 11 y in den Zirkel, setzt in i Abb. 161 ein und beschreibt einen Bogen. Mit einem Teil des großen Kreises im Zirkel schneidet man von a aus ab, so b erhaltend. Auf diese Weise wird die ganze Abwicklung durchgeführt. Abb. 161 gibt abermals nur die Hälfte der Abwicklung.

Dieser Art der Abwicklung haftet eine gewisse Ungenauigkeit an, da sie mit Strecken arbeitet, die nicht der abzuwickelnden Fläche an-

gehören. Je größer die Anzahl der Teile wird, desto kleiner die Ungenauigkeit.

In Abb. 162 und 163 ist eine Pyramide gegeben.. Bei derselben
schneiden sich alle Seitenflächen in der Spitze S, es sind daher die
Punkte $b\ c\ d\ e$ von dieser Spitze gleichweit entfernt, sie liegen also

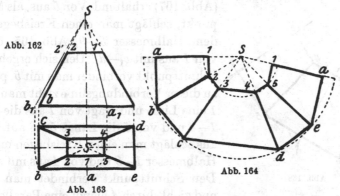

Abb. 162

Abb. 163

Abb. 164

auf einem Kreise, allerdings nur, wenn es sich um eine gerade Pyramide handelt, d. h. wenn die Spitze S senkrecht über dem Mittelpunkt
der Grundfläche liegt. Um nun die in Abb. 162 und 163 gegebene
Pyramide bzw. deren Stumpf abzuwickeln, braucht man nur zwei
konzentrische Kreise zu ziehen, deren Halbmesser gleich $S\ b_1$ und $S\ 2'$

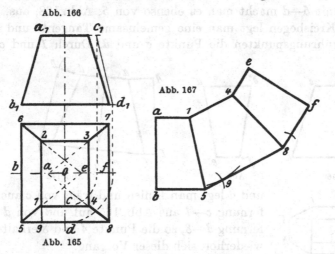

Abb. 166

Abb. 165

Abb. 167

(Abb. 162) sind. Auf diesen Kreisen trägt man dann die Längen der Seiten
als Sehnen auf und erhält so die Abwicklung, wie in Abb. 164 gezeigt.

Anders ist die Sache, wenn sich die Seitenflächen nicht in einem
Punkte schneiden. Abb. 165 und 166 zeigen einen solchen Körper.
Hier brauchen wir nur die wirkliche Länge von c—d und e—f zu be-
stimmen. Die Länge von e—f oder, was dasselbe ist, von a—b, kann

man direkt aus Abb. 166 entnehmen, während c—d durch eine einfache Drehung, wie dies Abb. 165 zeigt, leicht gefunden werden kann. Nun trägt man auf einer geraden Linie die Strecke a—b aus Abb. 166 (a_1—b_1) auf, errichtet darauf Senkrechte, und auf diesen trägt man die halben langen Seiten nach rechts und links auf, so die Punkte 1 und 5

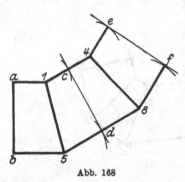

Abb. 168

(Abb. 167) erhaltend. Von 5 aus, als Mittelpunkt, schlägt man einen Kreisbogen mit dem Halbmesser 5—9, Abb. 165, ebenso von 1 aus mit c_1—d_1. Den sich ergebenden Schnittpunkt verbindet man mit 5, parallel zu dieser Verbindungslinie zieht man durch 1 eine Linie und trägt von 1 aus die Länge 1—4 und von 5 die Länge 5—8 auf. Von 8 aus schlägt man einen Kreisbogen mit dem Halbmesser 1—9 und von 4 aus mit a_1—b_1. Den Schnittpunkt verbindet man mit 8 und zieht durch 4 hierzu eine Parallele und trägt die Längen 4—e, 8—f auf und verbindet die Punkte e und f und erhält so die Abwicklung. In Abb. 167 ist nur die Hälfte dargestellt.

Diese Abwicklung kann man auch auf folgende Art erhalten. Der Teil a—b—5—1 wird wie früher bestimmt. Nun nimmt man 1—c, Abb. 165, in den Zirkel und schlägt von 1, Abb. 168, aus einen Kreisbogen, mit 5—d macht man es ebenso von 5, Abb. 168, aus. An diese beiden Kreisbogen legt man eine gemeinsame Tangente und erhält in den Berührungspunkten die Punkte c und d. Durch 1 und c sowie 5

Abb. 169

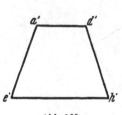

Abb. 170

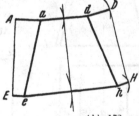

Abb. 172

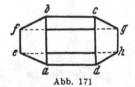

Abb. 171

und d legt man Linien und trägt von c aus die Entfernung c—4 aus Abb. 165 auf und von d die Entfernung d—8, so die Punkte 4 und 8 erhaltend. Nun wiederholt sich dieser Vorgang.

Abb. 169—171 stellt ein Übergangsstück dar. Die Abwicklung, Abb. 172, ist leicht gefunden. Auf einer Geraden trägt man die Strecke a'—e' aus Abb. 169 auf und erhält so A und E, in diesen Punkten errichtet man Senkrechte, auf denen man die halbe Strecke a—b und e—f aus Abb. 171 abträgt. Mit den so gefundenen Punkten a und e (Abb. 172) als Mittelpunkte schlägt man Kreisbogen, von a aus

mit der halben Strecke a'—d', von e aus mit der halben Strecke e'—h'. An
diese Kreisbogen legt man eine Tangente und errichtet darauf Senkrechte,
die durch a und e gehen, auf welchen man die Längen a'—d' und e'—h'
aufträgt, so d und h (Abb. 172) erhaltend. Mit d und h als Mittelpunkt
schlägt man Kreisbogen mit den halben Längen b''—a'' und f''—e'', legt die
Tangente und fällt die Senkrechten darauf, welche durch d und h gehen
und erhält so die Punkte D und H. Abb. 172 gibt die Hälfte der Abwicklung.

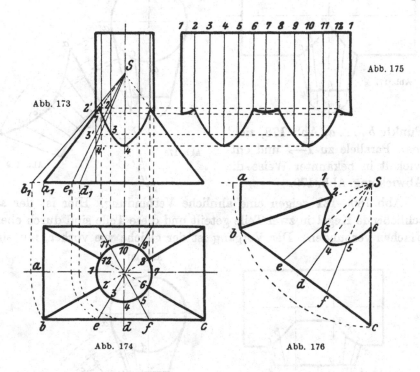

Abb. 175

Abb. 173

Abb. 174   Abb. 176

In Abb. 173 und 174 sehen wir eine Pyramide mit aufgesetztem
Zylinder. Die Durchführung dieser Abwicklung ist ebenfalls nicht
schwer und ergibt sich leicht aus den Bildern. Der Kreis im Grundriß wird in eine Anzahl gleicher Teile geteilt und dann die entsprechenden Strahlen gezogen, man findet so die Punkte $1 \ldots 12$ und
$a \ldots f$. Die letzteren Punkte dreht man in die Waagrechte und lotet
in den Aufriß, so die Punkte a_1, b_1, e_1 und d_1 erhaltend. Diese Punkte
verbindet man mit der Spitze und erhält so die Punkte $2'$, $3'$ und $4'$.
Durch Projizieren erhält man dann die Punkte 2, 3 und 4 und weiter
die Abwicklung des Zylinders (Abb. 175). Die Abwicklung der Pyramide findet man wie bereits beschrieben, bestimmt sich auch die
Punkte d, e, f und verbindet dieselben mit S. Auf die durch S gehenden
Strahlen trägt man nun die Längen b_1—$2'$, a_1—1, e_1—$3'$ $\ldots$ usw.
aus Abb. 173 auf. Abb. 176 zeigt nur einen Bruchteil der Abwicklung.

B. Beispiele

Schließt ein Kegel senkrecht an einen Zylinder an, Abb. 177 und 178, so ist die Abwicklung nicht schwer zu finden. Die Abbildungen zeigen es ganz deutlich. Es erfolgt zuerst die Einteilung des Kreises in gleiche Teile und Ziehen der Erzeugenden, wie bereits bekannt. Durch die

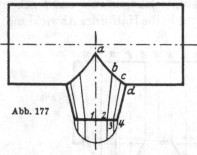

Abb. 177

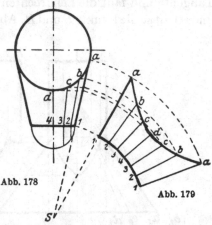

Abb. 178

Abb. 179

Punkte $b \dots d$, Abb. 178, zieht man Parallele zu *1—4* und entwickelt in bekannter Weise die Abwicklung. Abb. 179.

Abb. 180—181 zeigen eine ähnliche Verbindung. Hier ist der anschließende Kegel in zwei Teile geteilt und diese Teile sind durch ebene Flächen verbunden. Der Vorgang ist der gleiche wie vorher, nur sind

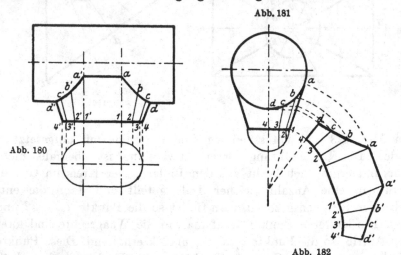

Abb. 181

Abb. 180

Abb. 182

die ebenen Flächen einzuschalten, was keinerlei Schwierigkeiten mit sich bringt.

Es möge nun ein Kegel abgewickelt werden, der einseitig abgeschnitten ist, wie es die beiden Abb. 183 und 184 zeigen. Zuerst verlängert man im Aufriß (Abb. 183) die Seite BG, bis sie die Mittellinie des Kegels in 0 schneidet. Nun verlängert man die Linie EG und trägt von E aus die Strecke $\overline{EL}$, im Grundrisse (Abb. 184) gemessen, auf und verbindet E_2 mit A. Auf einer Linie nimmt man den Punkt O_1 an (Abb. 185) und schlägt einen Kreisbogen, dessen Halbmesser gleich ist OG (Abb. 183). Ebenso zieht man einen konzentrischen Kreis mit dem Halbmesser OB. Von B aus trägt man nach beiden Seiten je die Hälfte des Kreisumfanges $ACBDA$ (Abb. 184) auf und erhält so die Punkte AA. Nimmt man AE_2 aus Abb. 183 in den Zirkel und schneidet damit von A, A in Abb. 185 auf dem äußeren Kreise ab, so sind damit die Punkte E und K gefunden worden. Mit der Strecke AL aus Abb. 183 im

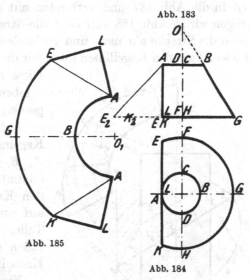

Abb. 183

Abb. 185

Abb. 184

Zirkel setzt man in A, A (Abb. 185) ein und beschreibt Kreisbogen. Mit EA aus Abb. 184 schneidet man von E und K aus ab und findet so die Punkte L, L. Verbindet man noch K mit L und A, ebenso E mit L und A durch gerade Linien, so ist hiermit die Abwicklung beendet.

Die eben gezeigte Art wird nur bei dünnen Blechen angezeigt sein, da hier das Zurückführen der beim Einrollen gebogenen ebenen Abschlußfläche leicht durchführbar ist. Bei starken Blechen wird der ebene Teil für

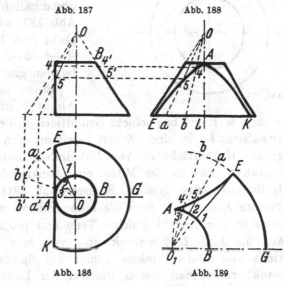

Abb. 187

Abb. 188

Abb. 186

Abb. 189

sich hergestellt und eingebaut. Die Abwicklungen hierzu sehen wir in Abb. 188 und 189.

Um die Größe der ebenen Seitenwand zu bestimmen, gehen wir wie folgt vor: In Abb. 186 ziehen wir von E eine Gerade zum Mittelpunkt O. Diese schneidet den kleinen Kreis in 1. Den Kreisbogen 1 bis A teilen

wir in eine Anzahl gleicher Teile und ziehen durch sie und 0 die Erzeugenden. Die Schnittpunkte a, b ... mit dem großen Kreise loten
wir in die Abb. 187 und verbinden mit der Spitze 0 des Kegels. Nun
tragen wir in Abb. 188 von $L—b$ die Strecke $b'b$ aus Abb. 186 auf, von
$L—a$ die Strecke $a'a$ usw. und verbinden wieder mit der Spitze 0. Auf
die so erhaltenen Kegellinien loten wir die Punkte 4, 5 ... aus Abb. 187.

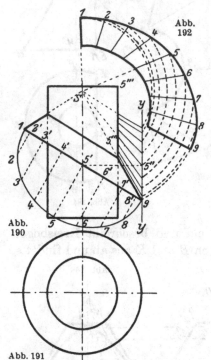

Abb.
192

Abb.
190

Abb. 191

Diese neuen Punkte 4, 5 ... E, K ... A
ergeben die Begrenzungslinie (Hy-
perbel) des ebenen Abschlußteiles.

Abb. 189 zeigt die Hälfte der
Kegelmantelabwicklung, die Punkte
A, B, G, E werden wie früher bestimmt. Nun tragen wir von A bis 1
den Kreisbogen $A—1$ aus Abb. 186
auf und teilen in die gleiche Zahl
Teile. Hierauf ziehen wir die Geraden $0_1—1$ (diese muß den großen
Kreis in E treffen), $0_1—2$, $0_1—3$ ...

Nun nehmen wir in Abb. 187 die
Strecke $\overline{B\,4'}$ in den Zirkel und
schneiden von 3 aus in Abb. 189 ab
und erhalten so den Punkt 4, mit $\overline{B\,5'}$,
Abb. 187, schneiden wir von 2 aus
ab in Abb. 189 und bekommen so 5.
$A—4—5—E$ durch eine Kurve verbunden gibt die gesuchte Grenzlinie.

Einen weiteren Fall zeigen die
Abb. 190 und 191, der hier abzu-
wickelnde Kegel hat schiefe Grundflächen, deren Projektionen in der
Draufsicht Kreise sind. Zuerst bestimmt man den wahren Umfang der
großen Grundfläche in Abb. 190, indem man auf die Linie $1—9$ im
Punkte $5'$, also in der Mitte, eine Senkrechte fällt und hierauf den
Halbmesser des großen Kreises (Abb. 191) aufträgt. Durch die
Punkte 1, 5, 9 legt man die halbe Ellipse, wie gezeichnet, und teilt
diese in eine Anzahl gleicher Teile und projiziert die Punkte 2 ... 8
auf die Linie $1—9$ zurück und von hier auf die Linie $y—y$ und
zieht von diesen Punkten Linien zur Spitze S. Mit S als Mittel-
punkt zieht man durch die auf der Linie $y—y$ liegenden Punkte
Kreise, wählt auf dem 9-Kreise den neuen Punkt 9, und mit einem
Teil $\overline{1—2}$ aus Abb. 190 schneidet man wie vorher beschrieben ab.
Man verbindet die so erhaltenen Punkte 9 ... 1 durch eine Kurve
(Abb. 192) und zieht von ihnen Linien zur Spitze S. Auf diesen Linien
trägt man aus Abb. 190 die entsprechenden Größen auf, für Punkt 5

z. B. $\overline{5''-5'''}$. Man kann auch in S einsetzen und durch $5'''$ und die entsprechenden weiteren Punkte Kreise ziehen bis zum Schnitte mit der entsprechenden Geraden in Abb. 192. Diese neue Punktreihe gibt wieder eine Kurve. Abb. 192 zeigt die halbe Abwicklung.

Ein weiteres Beispiel für einen schiefen Kegel ist das in Abb. 193 bis 195 dargestellte Übergangsstück. Hier sind vier Viertel eines schiefen Kegels durch ebene Teilflächen verbunden. Der Viertelkreis $D \ldots 3$, Abb. 193, wird in mehrere gleiche Teile geteilt, die Punkte $D, 1, 2 \ldots$ mit A verbunden. Nun setzen wir in A ein, schlagen Kreisbogen durch

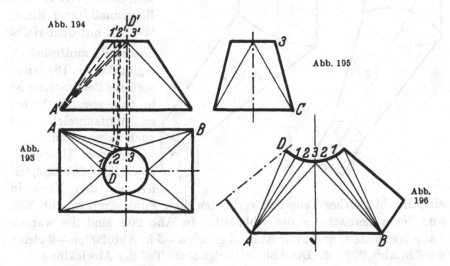

Abb. 194

Abb. 195

Abb. 193

Abb. 196

diese Punkte bis zur Linie $A-B$ und loten in die Abb. 194, so die Punkte $D', 1' \ldots$ erhaltend. Die Verbindungslinien dieser Punkte mit A' ergeben die wahren Längen.

Auf einer Linie $A B$, Abb. 196, tragen wir die Langseite auf und errichten im Halbierungspunkte eine Senkrechte, auf dieser tragen wir die Strecke $C 3$ aus Abb. 195 auf. In Abb. 194, nehmen wir $A' 2'$ in den Zirkel, setzen in A und B, Abb. 196 ein und schlagen Kreisbogen. Von 3 aus schneiden wir mit einem Teil des Kreisbogens, $\overline{D\,1}$ aus Abb. 193 ab und erhalten so die Punkte 2.

Die übrigen Punkte werden in gleicher Weise gefunden. Abb. 196 zeigt die halbe Abwicklung.

Wenn bei einem Übergangsrohr die drei Achsen nicht in einer Ebene liegen, wie in Abb. 197, 198, so bestimmt man sich zuerst die Winkel, welche die beiden Achsen I und II, sowie II und III tatsächlich miteinandereinschließen. Ebenso ist die genaue Länge der Achse II festzulegen. Die Bestimmung der Winkel geschieht wie auf Seite 28 angegeben zeichnerisch, oder rechnerisch wie auf Seite 17 beschrieben. Ist

dies geschehen, so zeichnet man ein Hilfsbild, Abb. 199, in dem alle
3 Achsen als in einer Ebene liegend angenommen werden.

Die Abwicklung, Abb. 200, wird dann wie vorstehend beschrieben
durchgeführt. Es ist jedoch zu beachten, daß der obere Teil des Kegels
gegen den unteren Teil verschoben ist, und zwar hier um den Betrag
v. Die Größe von v bestimmt man, indem man den Winkel rechnet,

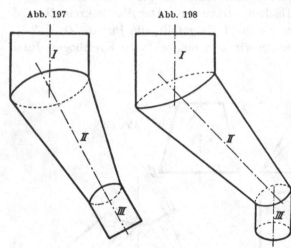

Abb. 197   Abb. 198

welchen die beiden
Ebenen $I\,II$ und $II\,III$
miteinander einschlie-
ßen. Siehe Seite 18. Das
Bogenmaß (arc) dieses
Winkels mit dem Halb-
messer $\overline{01}$ multipliziert,
ergibt dann v. Die zeichnerische Bestimmung ist
in den meisten Fällen
zu umfangreich und
auch zu ungenau.

Bei dem Übergang-
stück Abb. 201, 202, tei-
len wir den Kreis in
eine Anzahl gleicher Teile und verbinden diese Punkte mit a, Abb. 202,
und loten hernach in die Abb. 201. In Abb. 203 sind die wahren
Längen ermittelt, und zwar ist a—3 gleich a—3 in Abb. 202, a—2 gleich
a—2 in Abb. 202 usf. Die Abb. 204 zeigt einen Teil der Abwicklung.

Nun sei ein Konus abgewickelt, wie ihn die Abb. 205 bis 207
darstellen. Man teilt wieder die beiden Grundlinien in eine gleiche
Anzahl gleicher Teile (Abb. 206, 207) und zieht die entsprechenden
Verbindungslinien, wie uns die Abb. 205 klarmacht. Ebenso werden diese
Strahlen in dem Grundrisse (Abb. 207) gezogen. In der Abb. 208
werden die wirklichen Längen dieser Verbindungslinien gefunden. Man
trägt von der vertikalen Linie aus auf den horizontalen, durch die Punkte
$a \ldots h$ gehenden Linien die Länge des Grundrisses der zu diesem Punkte
gehörigen Verbindungslinien. Die schrägen Linien ergeben dann die
wirkliche Länge derselben. Abb. 209 zeigt die ganze Abwicklung.
Die Länge der Strecken $\overline{1\,a}$, $\overline{1\,b}$, $\overline{b\,2}$, $\overline{2\,c}$, $\overline{c\,3}$ ... werden aus Abb. 208
entnommen. Die Längen 12, 23 ... nimmt man aus Abb. 207,
während die Strecken $\overline{a\,b}$, $\overline{b\,c}$, $\overline{c\,d}$ .... aus der Abb. 206 stammen.

Genau derselbe Vorgang wurde eingehalten bei der Abwicklung
des Konus, wie ihn Abb. 210 und 211 zur Darstellung bringen. Auch
hier wurden die beiden Grundlinien in eine gleiche Anzahl gleicher Teile
geteilt, die Verbindungslinien gezogen, in Abb. 212 die wahren Längen

derselben bestimmt und hierauf nach dem geschilderten Vorgange die Abwicklung (Abb. 213) entworfen. Abb. 213 ist nur die halbe Abwicklung.

Dieser Konus kann auch ohne Dreiecksverfahren abgewickelt werden. Abb. 214, 215 zeigen genau denselben Konus wie die Abb. 210, 211. Der große Kreis in Abb. 215 wird in eine Zahl gleicher Teile geteilt, ebenso der kleine Kreis, Punkt 5 mit Punkt 10

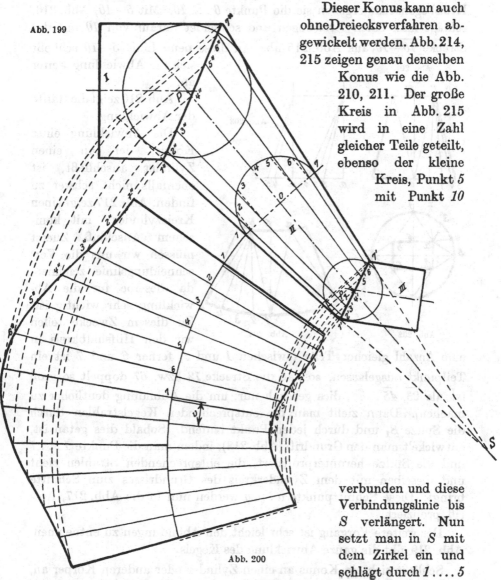

Abb. 199

Abb. 200

verbunden und diese Verbindungslinie bis S verlängert. Nun setzt man in S mit dem Zirkel ein und schlägt durch 1 .... 5 Kreisbogen bis zur Linie S—x und lotet diese Punkte in die Abb. 214, 5″ .... 2″. Die Linien 1′—6′ und 5′—10′ werden bis zu ihrem Schnittpunkte S₁ verlängert. Jetzt verbindet man 5″ .... 2″ mit S₁ und erhält so die Punkte 10″ .... 7″, setzt in S₁ mit dem Zirkel ein und schlägt Kreisbogen durch 5″ .... 2″, 1′ und 10″ ..... 7″, 6′. Nimmt man nun einen Teil 1—2 des großen Kreises, Abb. 215, in den Zirkel, setzt in 1, Abb. 216, ein und schneidet der Reihe nach auf den Kreisbogen ab, so erhält man die Punkte *1 . . . 5* der Abwicklung. Diese Punkte verbindet man mit S_1. In ihren Schnittpunkten mit der unteren Kreisbogenschar ergeben sie die Punkte *6 . . . 10*. Mit $\overline{5-10}$, Abb. 216, schlägt man einen Kreisbogen und schneidet darauf von *10* mit der Strecke $\overline{10-10}$ aus Abb. 215 ab. An diese neue Linie *5—10* schließt sich die Abwicklung weiter an.

Abb. 216 zeigt die Hälfte der Abwicklung.

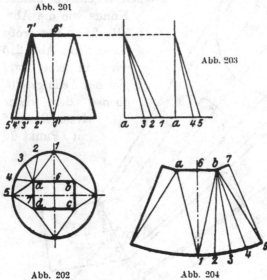

Abb. 201

Abb. 203

Abb. 202   Abb. 204

Die Abwicklung eines Konus, der an einen Zylinder anschließt, ist ebenfalls nicht schwer zu finden. Abb. 217 zeigt einen Kreiszylinder mit konischem Anschluß. Zuerst müssen wir uns die Verschneidungslinie zeichnen, da dieselbe für die Abwicklung sehr wichtig ist. Zu diesem Zwecke teilen wir den Hilfshalbkreis in eine Anzahl gleicher Teile (zwischen *1* und *2*, ferner *6* und *7* ist ein Teilpunkt ausgelassen, so daß die Strecke $\overline{12}$ bzw. $\overline{67}$ doppelt so groß ist als $\overline{23}$, $\overline{45}$ . . . ., dies geschah nur, um die Abbildung deutlicher zu machen). Dann zieht man die entsprechenden Kegelstrahlen durch die Spitze S_1 und durch jeden Punkt laufend. Sobald dies getan ist, entwickelt man den Grundriß (Abb. 218), indem man die Punkte *1 . . . 7* und die Spitze herunterprojiziert, die entsprechenden Strahlen zieht und dieselben mit dem Zylinderkreis des Grundrisses zum Schnitte bringt. Diese Schnittpunkte *a . . . g* werden nun in die Abb. 217, Aufriß, projiziert.

Der weitere Vorgang ist sehr leicht den Abbildungen zu entnehmen. Abb. 219 gibt die ganze Abwicklung des Kegels.

Schließt sich ein Konus an einen Zylinder oder anderen Körper an, so kann man meist nur bei einer Grund- bzw. Deckelfläche die Teile abmessen und als wirkliche Länge in die Abwicklung einführen, während für die zweite Grund- oder Deckelfläche die wahre Größe der Teile erst gesucht werden muß. In Abb. 220 und 221 sehen wir einen Konus, der bei seinem Anschluß an einen Zylinder einen ovalen Querschnitt besitzt, um dann auf einen kreisrunden überzugehen und oben eben abzuschließen. Aus dem Grundrisse (Abb. 221) entnehmen wir, daß das Oval

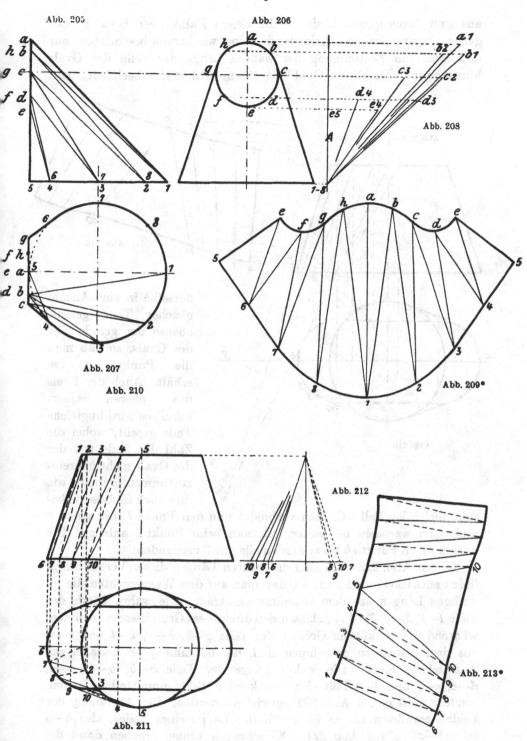

Abb. 205

Abb. 206

Abb. 208

Abb. 207

Abb. 210

Abb. 209*

Abb. 212

Abb. 211

Abb. 213*

aus zwei durch gerade Linien verbundenen Halbkreisen besteht. Der ganze Vorgang des Abwickelns ist derselbe, wie bereits beschrieben, nur daß noch die Bestimmung der wahren Länge der Teile des Ovals hinzukommt. Da dieses Oval mit einem Halbkreis abschließt, wird

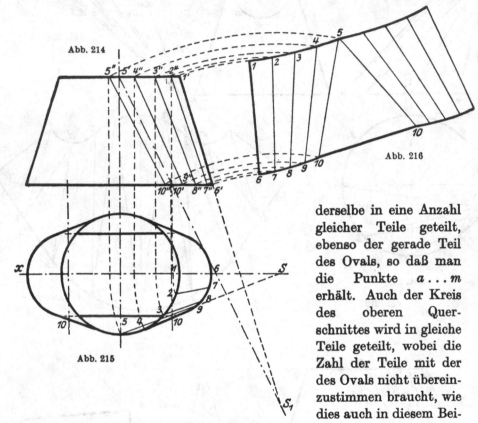

Abb. 214

Abb. 216

Abb. 215

derselbe in eine Anzahl gleicher Teile geteilt, ebenso der gerade Teil des Ovals, so daß man die Punkte *a ... m* erhält. Auch der Kreis des oberen Querschnittes wird in gleiche Teile geteilt, wobei die Zahl der Teile mit der des Ovals nicht übereinzustimmen braucht, wie dies auch in diesem Beispiel nicht der Fall ist. Man verbindet nun den Punkt *1* mit *a* und *b* und dann wechselweise weiter, bis man beim Punkt *7* anlangt. Die noch übrigen Punkte *h* bis *m* werden alle mit *7* verbunden.

In den Abb. 222—225 sind die wahren Längen dieser Verbindungslinien entwickelt, und zwar so, daß man auf den Waagerechten die jeweiligen Längen aus dem Grundrisse aufträgt. Die wahre Länge der Teile *1—2, 2—3, 3—4* .... lassen sich direkt dem Grundrisse entnehmen, während die wirklichen Größen der Teile *g—h, h—k, k—l* und *l—m* aus dem Aufriß zu entnehmen sind, da die Linie *g—m* parallel zur Aufrißebene läuft. Die wahre Länge der Teile *a—b, b—c, c—d, d—e, e—f* und *f—g* läßt sich aus keinem Bilde unmittelbar finden, sondern muß in der Abb. 222 entwickelt werden. Der Abstand *y* der beiden parallelen Linien ist gleich der Länge eines Teiles, also *a—b* oder *b—c* ... aus Abb. 221. Die schrägen Linien ergeben dann die

wahre Länge dieser Teile. In Abb. 226 sehen wir die Hälfte der Abwicklung, die genauso wie früher gefunden wurde.

Eine andere öfters vorkommende Verbindung von zwei Konussen
zeigt das in Abb. 227 und 228 dargestellte Hosenrohr, dessen Abwicklung
auch mittels der Dreiecksmethode gefunden wird. So ein Hosenrohr
wird aus zwei Blechen hergestellt, und zwar für jeden Konus eines. Die
Abwicklung der beiden Konusse ist vollständig gleich. Zuerst wickelt

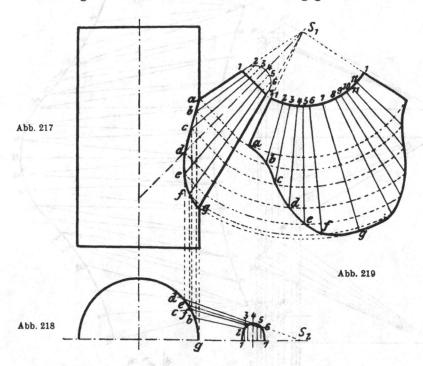

Abb. 217

Abb. 219

Abb. 218

man den schiefen Konus a—g, 1—7 ab, und zwar, wie es bei Anwendung
des Dreiecksverfahrens üblich ist. Hierauf ist der in der Abwicklung
Abb. 231 als auch in den Abb. 227 und 228 punktierte Teil des Konus
zu bestimmen. Wie dies geschieht, ist aus den Abb. 227, 229 und 230
leicht zu ersehen, und braucht keine weitere Erklärung hierzu gegeben
zu werden.

Wird das Hosenrohr wie vorstehend in Abb. 227 und 228 gezeigt
gebaut, so sind die beiden Abzweigrohre keine Kreiskegel. Sie müssen
also von Hand aus eingerollt und geformt werden. Will man dies vermeiden, d. h. die beiden Abzweigrohre als reine Kreiskegel ausführen,
um sie leicht auf der Maschine einrollen zu können, so wird man das
Hosenrohr zweckmäßig so bauen, wie dies die Abb. 232 und 233
zeigen. Die Bestimmung der entsprechenden Kreiskegel ist genau wie
auf Seite 51 in Abb. 150 gezeigt. Die zugehörige Abwicklung ist dann

leicht nach bekannter Art durchzuführen. Die Abb. 234 zeigt die halbe Abwicklung eines Abzweigrohres.

Eine andere Art eines Hosenrohres zeigen die Abb. 235—237. Hier geht der runde Querschnitt in den rechteckigen über. Die Abwicklung

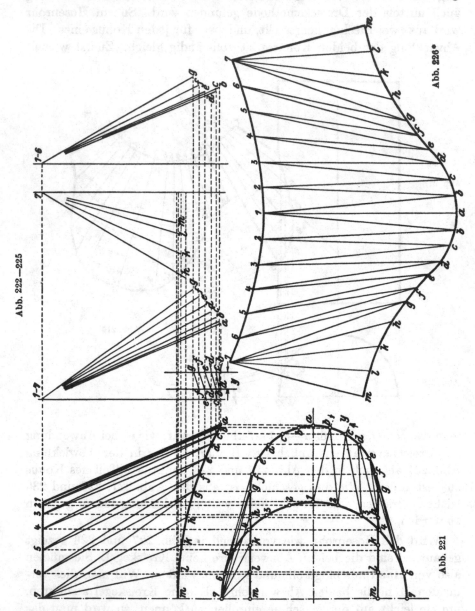

selbst wird wieder mit Dreiecken durchgeführt. Im Aufrisse (Abb. 235) und im Kreuzrisse (Abb. 237) teilt man einen Viertelkreis in eine Anzahl gleicher Teile und zieht die Verbindungsstrahlen $A\,1, A\,2 \ldots A\,5$

bzw. $B\,5,\ B\,6\ldots B\,9.$ Im Aufriß werden diese Strahlen um den
Punkt A in die Gerade $A\,y$ gedreht und von dort erst in den Grundriß
gelotet. Im Kreuzrisse werden die Strahlen um den Punkt B in die
Gerade $B\,x$ gedreht und dann ebenfalls in den Grundriß (Abb. 236)
gelotet.

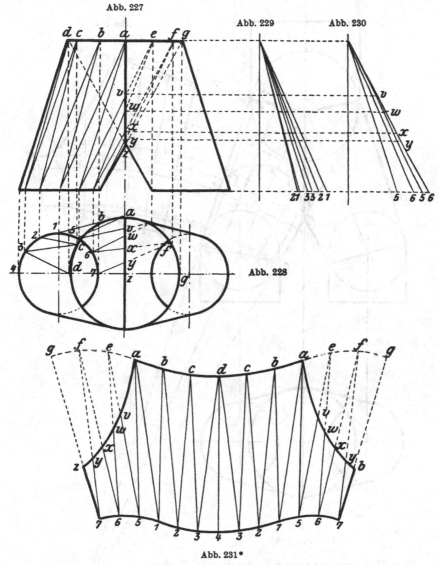

Abb. 227

Abb. 229   Abb. 230

Abb. 228

Abb. 231*

Zieht man im Grundrisse die Verbindungslinien dieser neu
erhaltenen Punkte mit den Punkten A bzw. B, so ergeben diese Verbindungsstrahlen die wahren in die Abwicklung (Abb. 238) einzutragen-
den Längen $\overline{A\,1},\overline{A\,2}\ldots\overline{A\,5}$ bzw. $\overline{B\,5},\overline{B\,6}\ldots\overline{B\,9}.$ Die Längen $\overline{1\!-\!2},$
$\overline{2\!-\!3},\overline{3\!-\!4}\ldots\overline{8\!-\!9}$ ergeben sich unmittelbar aus den Abb. 235 und 237.

Die Abb. 239 und 240 zeigen ein ähnliches Hosenrohr, nur daß
der Übergang von runden auf den viereckigen Querschnitt in um-
gekehrter Richtung erfolgt.

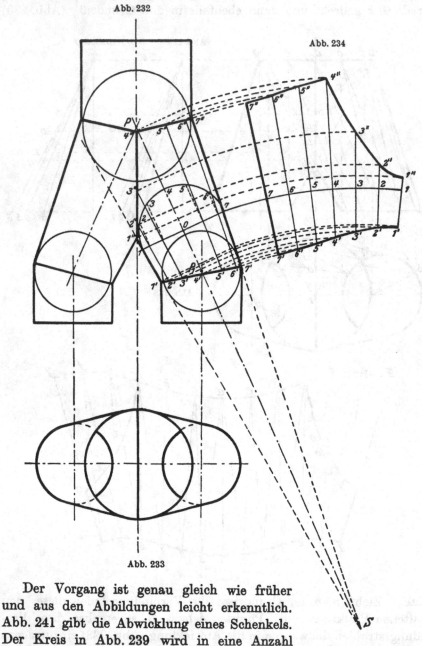

Abb. 232

Abb. 234

Abb. 233

Der Vorgang ist genau gleich wie früher
und aus den Abbildungen leicht erkenntlich.
Abb. 241 gibt die Abwicklung eines Schenkels.
Der Kreis in Abb. 239 wird in eine Anzahl
gleicher Teile geteilt. Die Punkte *1 ... 5* werden mit *a* verbunden, die
Punkte *5 ... 9* mit *b*. Nun setzt man in *a* ein und zieht durch die

Punkte *1...5* Kreise bis zum Schnittpunkte mit der Linie *b—a—y*, ebenso setzt man in *b* ein und schlägt Kreise durch die Punkte *5...9* bis zum Schnittpunkte mit genannter Linie. Diese Schnittpunkte in die Abb. 240 gelotet, geben die Punkte *1'...5'* und *5''...9'*. Die Verbindungen von *1'...5'* mit *a'* geben die wahren Längen der Linien *1—a....5—a* für die Abb. 241. Die

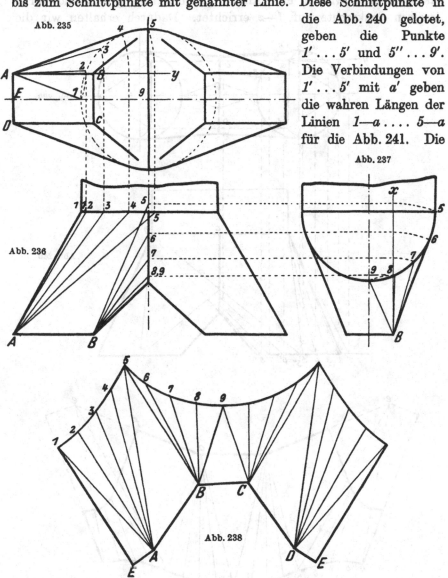

Abb. 235

Abb. 236

Abb. 237

Abb. 238

Verbindungen *5''...9'* mit *b'* geben die wahren Längen der Linien *5—b....9—b* für die Abb. 241. Auf dieselbe Weise werden die Punkte für die Verschneidungslinie aufgesucht.

Bei den Zylindern wurde ein Fall beschrieben, in welchem ein Zylinder mit einem Ausguß versehen war. Der ähnliche Fall für den Konus ist in Abb. 242 und 243 dargelegt. Wie man sieht, handelt es sich hier hauptsächlich um die Bestimmung der Verschneidungslinie *7—13* in der Abb. 242. Abb. 244 stellt den Querschnitt des Ausgusses dar. Das Mittel *1—z* wird in eine Anzahl gleicher Teile geteilt und durch dieselben Senkrechte auf *1—z* errichtet. Dadurch erhalten wir die

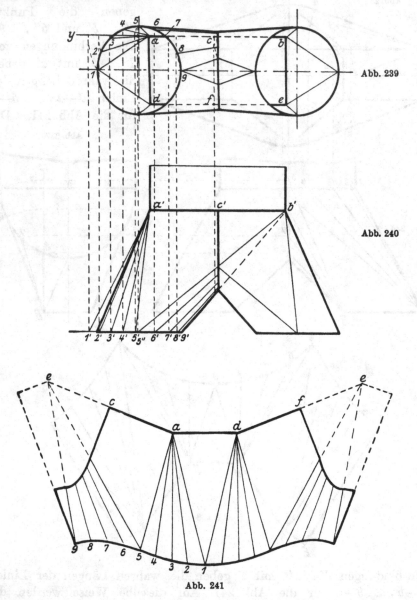

Abb. 239

Abb. 240

Abb. 241

Punkte *2 . . . . 7*. Hierauf zieht man durch diese Punkte *2 . . . 7* parallele Linien zu *1—z*, so die Punkte *l . . . p* erhaltend. Die Abstände *z—l*, *l—m . . . . p—7* trägt man im Grundrisse, von *w* ausgehend, auf und erhält die Punkte *v . . . q*. Durch diese Punkte werden Waagrechte durchgeführt. Im Schnittpunkte von q mit dem kleinen Kreise erhält man den Punkt 7. Von w aus zieht man durch 7 einen Strahl, bis derselbe den großen Kreis schneidet, und teilt das Bogenstück zwischen diesem Schnittpunkte und der Waagrechten in eine Anzahl gleicher Teile und zieht die entsprechenden Strahlen. Im Aufriß sind diese Strahlen eben-

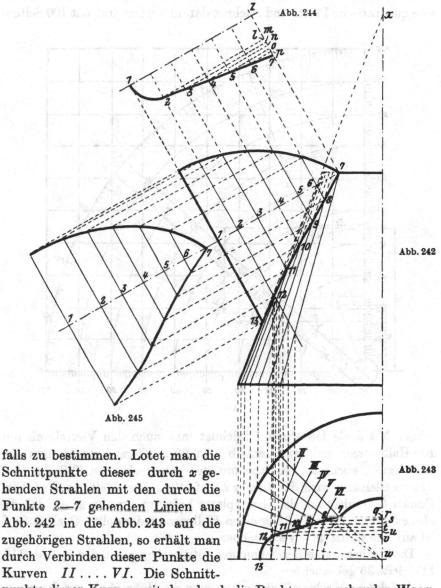

Abb. 244

Abb. 242

Abb. 245

Abb. 243

falls zu bestimmen. Lotet man die Schnittpunkte dieser durch x gehenden Strahlen mit den durch die Punkte 2—7 gehenden Linien aus Abb. 242 in die Abb. 243 auf die zugehörigen Strahlen, so erhält man durch Verbinden dieser Punkte die Kurven *II . . . . VI*. Die Schnittpunkte dieser Kurven mit den durch die Punkte v—q gehenden Waagrechten ergeben Punkte der Verschneidungslinie und brauchen nur in den Aufriß gelotet zu werden, um, durch eine Kurve verbunden, die

Verschneidungslinie zu geben. Die weitere Entwicklung der Abwicklung ist sehr einfach und bereits bekannt. Abb. 245 zeigt den halben Ausguß abgewickelt.

Es sei noch ein Hilfsmittel zum Abwickeln von Kreiskegeln mitgeteilt. Es ist dies eine Art Rechenschieber, den sich jedermann leicht machen kann. In Abb. 246 ist dieser Schieber dargestellt. Man nimmt eine quadratische Platte und zeichnet darauf ein Quadrat mit 100 Seiten-

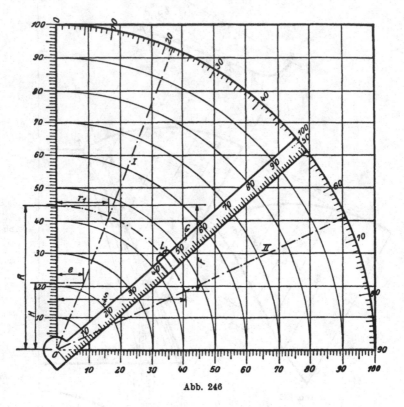

Abb. 246

länge. Mit 0 als Mittelpunkt zeichnet man auch den Viertelkreis mit 100 Halbmesser und teilt denselben in 90°. Hierauf macht man den Gleitarm G, ebenfalls 100 lang mit der entsprechenden Teilung. Auf diesem Gleitarm wird der Läufer L befestigt. Der Gleitarm G wird im Punkte 0 drehbar auf der Grundplatte befestigt, und zwar so, daß die obere Seite in jeder Stellung einen Halbmesser darstellt. Der Läufer L ist auf dem Gleitarm G verschiebbar.

Die hier benutzten Bezeichnungen entsprechen genau den in Abb. 116, 117, Seite 36 gebrauchten.

Auf der senkrechten Teilung liest man die Höhe H ab, auf der waagrechten dagegen e und dreht den Gleitarm G, bis er die Stellung I erhält. Hierauf wird der Läufer L so lange verschoben, bis man auf der

α	β	Differenz für 0,1°	α	β	Differenz für 0,1°	α	β	Differenz für 0,1°	α	β	Differenz für 0,1°
1	3,150	0,3132	24	73,206	0,2862	47	131,652	0,2106	69	166,048	0,1098
2	6,282	0,3132	25	76,068	0,2844	48	133,758	0,2088	70	169,146	0,1044
3	9,414	0,3151	26	78,912	0,2808	49	135,846	0,2034	71	170,190	0,1008
4	12,565	0,3124	27	81,720	0,2790	50	137,880	0,1998	72	171,198	0,0936
5	15,689	0,3121	28	84,510	0,2754	51	139,878	0,1962	73	172,134	0,0900
6	18,810	0,3132	29	87,264	0,2736	52	141,840	0,1908	74	173,034	0,0828
7	21,942	0,3114	30	90,000	0,2700	53	143,748	0,1872	75	173,862	0,0792
8	25,056	0,3096	31	92,700	0,2682	54	145,620	0,1836	76	174,654	0,0738
9	28,152	0,3096	32	95,982	0,2646	55	147,456	0,1764	77	175,392	0,0666
10	31,248	0,3096	33	98,028	0,2638	56	149,220	0,1746	78	176,058	0,0630
11	34,344	0,3078	34	100,666	0,2582	57	150,966	0,1674	79	176,688	0,0576
12	37,422	0,3078	35	103,248	0,2556	58	152,640	0,1656	80	177,264	0,0522
13	40,500	0,3042	36	105,804	0,2520	59	154,296	0,1584	81	177,786	0,0468
14	43,542	0,3042	37	108,324	0,2502	60	155,880	0,1548	82	178,254	0,0396
15	46,584	0,3024	38	110,826	0,2448	61	157,428	0,1512	83	178,640	0,0360
16	49,608	0,3024	39	113,274	0,2430	62	158,940	0,1440	84	179,010	0,0306
17	52,632	0,2988	40	115,704	0,2394	63	160,380	0,1404	85	179,316	0,0252
18	55,620	0,2988	41	118,098	0,2340	64	161,784	0,1350	86	179,568	0,0180
19	58,608	0,2952	42	120,438	0,2322	65	163,134	0,1296	87	179,748	0,0144
20	61,560	0,2952	43	122,760	0,2286	66	164,430	0,1260	88	179,892	0,0072
21	64,512	0,2916	44	125,040	0,2232	67	165,690	0,1206	89	179,964	0,0036
22	67,428	0,2898	45	127,278	0,2196	68	166,896	0,1152	90	180,000	.....
23	70,326	0,2880	46	129,474	0,2178						

waagrechten Teilung die Größe r_1 ablesen kann. Auf der Teilung des Gleitarmes kann man dann sofort die Größe R ablesen.

Hat man auf der Gradteilung die entsprechende Ablesung gemacht, so sucht man in nebenstehender Tabelle diesen Wert unter α und entnimmt den entsprechenden Wert für β. Der Gleitarm G wird jetzt so lange gedreht, bis auf der Gradteilung der Winkel β abzulesen ist, so daß der Gleitarm G in seine Stellung II gelangt.

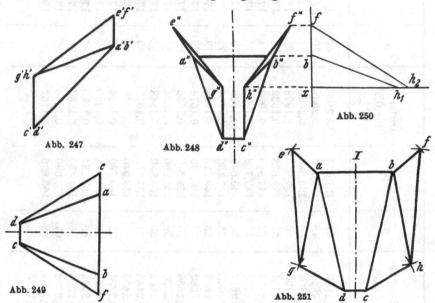

Abb. 247   Abb. 248   Abb. 250

Abb. 249   Abb. 251

Auf der waagrechten Teilung kann man nun sofort $\frac{S}{2}$ ablesen und auf der senkrechten F. Verschiebt man nun den Läufer L um die Strecke L (Abb. 116), so kann man sofort die Werte $\frac{s}{2}$ und f ablesen.

Wird der Kegel aus $2, 3, 4 \ldots$ Blechen gemacht, so stellt man den Gleitarm auf die Winkel $\frac{\beta}{2}, \frac{\beta}{3}, \frac{\beta}{4} \ldots$

Bisher sind Konusse mit nur runden oder runden und eckigen Querschnitten besprochen worden; es verbleiben somit nur noch diejenigen mit rein eckigen Querschnitten, also die Pyramiden- und ähnlichen Körperformen.

Abb. 247—249 zeigen eine Abfüllschnauze. In Abb. 250 sind die wahren Längen b—h und f—h sowie a—g und e—g bestimmt, wobei $ag = bh$ und $hf = eg$ ist.

Von x aus trägt man c—b und c—f (Abb. 249) auf, so h_1 und h_2 erhaltend. b—h_1 gibt die wahre Länge von b—h und a—g; f—h_2 diejenige von f—h und e—g. In Abb. 251 trägt man auf der Geraden I die Strecke a'—c' aus Abb. 247 auf, errichtet in den Endpunkten Senkrechte, auf denen man die Hälften von *a—b* und *c—d*, Abb. 249, nach beiden Seiten abträgt, so die Punkte *a ... d* erhaltend. Die Strecken *d—g* und *c—h*,

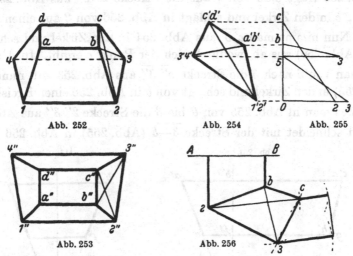

Abb. 252   Abb. 254   Abb. 255

Abb. 253   Abb. 256

Abb. 251, sind gleich *d″—g″* und *c″—h″*, Abb. 248, und *a—e* sowie *b—f* Abb. 251, sind gleich *a″—e″* und *b″—f″*, Abb. 248.

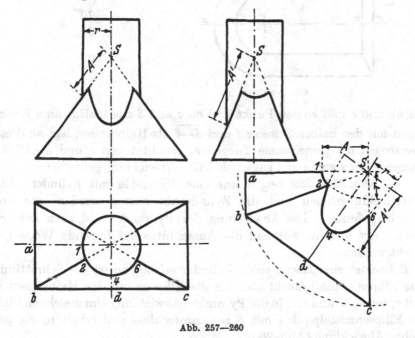

Abb. 257—260

Die Abb. 252—254 zeigen ein pyramidenstumpfähnliches Übergangsstück. In Abb. 256 trägt man auf der Geraden *A B* die Strecke $\overline{a'1'}$ aus Abb. 254 auf und errichtet in diesen Punkten Senkrechte, auf denen man die halben Strecken $\overline{a\,b}$ und $\overline{1\,2}$ aufträgt, somit die Punkte b, 2 erhält. In Abb. 255 trägt man von 0 aus die Strecke $\overline{2''\,c''}$ aus Abb. 253 auf, nimmt $\overline{2\,c}$ in den Zirkel und schlägt in Abb. 256 von 2 aus einen Kreisbogen. Nun nimmt man $\overline{c'\,b'}$ aus Abb. 254 in den Zirkel und schneidet von b (Abb. 256) aus ab, wodurch sich der Punkt c ergibt. In Abb. 255 trägt man von 5 nach 3 die Strecke $\overline{b''\,3''}$ aus Abb. 253 auf, nimmt $\overline{b\,3}$ (Abb. 255) in den Zirkel und schlägt von b in Abb. 256 einen Kreisbogen. Nun trägt man in Abb. 255 von 0 bis 3 die Strecke $\overline{2''\,3''}$ aus Abb. 253 auf und schneidet mit der Strecke $\overline{3\!-\!5}$ (Abb. 255) in Abb. 256 von 2

Abb. 261   Abb. 263

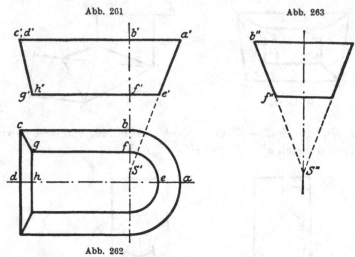

Abb. 262

aus ab und erhält so den Punkt·3. Von c und 3 aus schlägt man Kreisbogen mit den halben Seiten $\overline{c\,d}$ und $\overline{3\!-\!4}$ als Halbmesser, legt an diese Kreisbogen die gemeinsame Tangente, errichtet von c und 3 auf die Tangente Senkrechte und hat so die halbe Abwicklung gefunden.

Die Abb. 257—259 zeigen uns eine Pyramide mit Zylinder. Die Verschneidungslinien und die Zylinderabwicklung werden wie auf Seite 57 gefunden. Die Abwicklung der Pyramide wird auch auf bekannte Art erstellt, während die Ausschnitte auf folgende Weise gemacht werden.

Schneidet eine Ebene einen Zylinder schräg, so ist die Schnittlinie eine Ellipse. Man braucht also nur die Ellipsen mit den Halbachsen A und r, sowie A' und r so in die Pyramidenabwicklung einzuzeichnen, daß die Ellipsenmittelpunkte mit S zusammenfallen und erhält so die gesuchte Abwicklung (Abb. 260).

Die Abb. 261—263 zeigen einen Körper, der aus einem halben Kegelstumpf und einem pyramidenähnlichen Körper zusammengesetzt ist. Das Abwickeln geschieht folgendermaßen:

Mit S''—b'' schlägt man einen Kreisbogen und trägt darauf den halben Umfang a—b auf, Abb. 262. Nun verbindet man S mit b und schlägt mit S''—f'' ebenfalls einen Kreisbogen von e—f, Abb. 264. Auf die Linie b—S errichtet man Senkrechte in den Punkten b und f und trägt darauf die Strecken b—c und f—g aus Abb. 262 auf. In c setzt man mit dem Zirkel ein und schlägt mit c—d, Abb. 262, einen Kreisbogen und von g aus einen mit $g\,h$. Hierauf zieht man die Tangente an diese Kreisbogen und

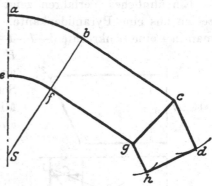

Abb. 264

erhält die Punkte h und d. Abb. 264 zeigt die halbe Abwicklung.

Zur Verbindung zweier Seitenbleche einer Pyramide dienen oft Winkeleisen; um diese richtig öffnen zu können, ist es notwendig, einen auf die Pyramidenkante senkrecht stehenden Schnitt durchzuführen. Dies ist in Abb. 265 gezeigt. Bei A sehen wir den Aufriß, bei B den Grundriß einer Pyramidenecke. Der Schnitt werde bei b geführt.

Im Grundrisse verlängert man die Seitenkanten von c_1 über a_1 bis l, ebenso von d_1 über a_1 bis h und zieht durch b_1 zu beiden Linien Parallele. In beliebigen Entfernungen zieht man die Linien k—l und g—h. Von k und g trägt man je die Strecke $\overline{b\,c}$ auf und erhält so die Punkte m und j. Die Strecken $\overline{l\,m}$ und $\overline{h\,j}$ geben die wirklichen Längen

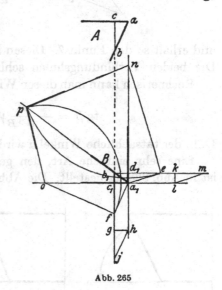

Abb. 265

von $\overline{b_1\,c_1}$ und $\overline{b_1\,d_1}$. Von d_1—e trägt man die Strecke $\overline{h\,j}$ und von c_1—f die Strecke $\overline{m\,l}$ auf. e und f werden mit a_1 verbunden und auf diese Linien Senkrechte errichtet, so die Punkte n und o erhaltend.

Nun benutzt man n und o als Mittelpunkte und schlägt durch e und f Kreise, welche sich in p schneiden. Verbindet man p mit n und o, so erhält man sofort den Winkel, nach welchem das Verbindungswinkeleisen zu richten ist.

Der Schnittpunkt p muß auf der Verlängerung der Linie a_1—b_1 liegen.

Dieses Verfahren ist bei jeder Pyramide anwendbar, gleichgültig, wie sie gestaltet ist.

Ein ähnliches Verfahren zeigt die Abb. 266. Die Abb. 266, 267 zeigen uns eine Pyramidenkante. Auf der Schnittlinie *1—2* errichtet man in *1* eine Senkrechte *3—1—4—5*. Von *1—5* trägt man die Strecke *H* auf und verbindet *5* mit *2*. Von *1* aus fällt man auf die Linie *5—2* eine Senkrechte mit dem Fußpunkte in *6*. Mit *1—6* als Halbmesser schlägt man einen Kreisbogen bis zur Schnittlinie

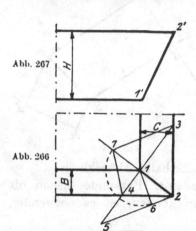

Abb. 267

Abb. 266

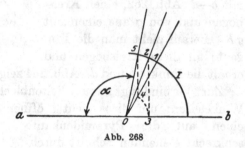

Abb. 268

und erhält so den Punkt *7*. Diesen Punkt *7* verbindet man mit *3* und *4*. Die beiden Verbindungslinien schließen den gesuchten Winkel α ein. Rechnerisch kann man diesen Winkel aus folgender Formel ermitteln:

$$\operatorname{tg}\beta = -\frac{H}{C\cdot B}\sqrt{B^2 + C^2 + H^2}.$$

D. h. der tatsächliche Winkel α wird dann $\alpha = 180 - \beta$.

Eine sehr einfache Art, den gesuchten Öffnungswinkel zu finden, ist in Abb. 268 dargestellt. Die Abb. 269 und 270 geben eine Ecke einer Pyramide wieder. Die Winkel der beiden Seitenflächen seien γ und ε. In Abb. 268 trägt man nun auf einem Kreisbogen die Winkel γ und ε auf und erhält so die Punkte *1* und *2*. Von *2* fällt man

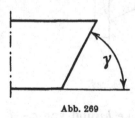

Abb. 269

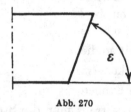

Abb. 270

eine Senkrechte auf *a b* und schlägt einen Kreis mit *0 3* als Halbmesser. Dieser Kreis schneidet den Strahl *0 1* in *4*. Durch *4* zieht man eine Senkrechte auf *a b*, welche den Kreis *I* in *5* schneidet. Der Winkel *a 0 5* gibt uns den gesuchten Winkel.

III. Die Umdrehungsflächen

Von Umdrehungsflächen werden die Kugel und die Eiform am meisten in der technischen Praxis verwendet. Diese Abwicklungen sind aus mathematischen und anderen Gründen nicht so genau wie die der Zylinder und Kegel, so daß immer Nacharbeiten nötig sind, wenn die Bleche gepreßt sind.

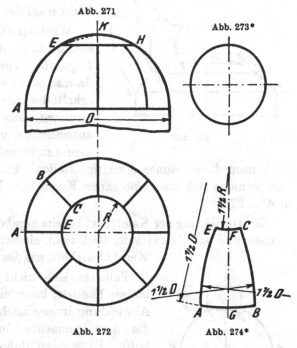

Abb. 271

Abb. 273*

Abb. 272

Abb. 274*

Wird ein Körper durch eine Halbkugel abgeschlossen, so wird dieselbe aus einer Kalotte und einer Anzahl gleicher Segmente hergestellt (Abb. 271, 272).

Die Abwicklung einer solchen Kalotte ist ein Kreis (Abb. 273), dessen Durchmesser gleich ist dem Bogen EKH (Abb. 271), wenn man von der Dehnung absieht. Nachdem man aber das Blech gewölbt hat, d. h. ihm Kugelgestalt gegeben hat, so entdeckt man, daß das Blech eigentlich zu groß war. Für den Fall, daß der Halbmesser R gleich ist dem vierten Teil des Kugeldurchmessers, also $R = \frac{1}{4} D$, gibt uns Abb. 275 diejenige Größe, um welche $2R$ beim Aufreißen größer zu nehmen ist, als es die Abb. 272 angibt. Trifft obige Voraussetzung nicht zu, so geht man nicht viel fehl, wenn man als Halbmesser die Sehne EK nimmt, Abb. 271.

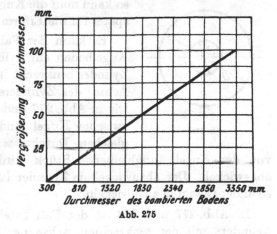

Abb. 275

Trifft obige Voraussetzung zu, so findet man die Abwicklung des Kugelsegments, wie es Abb. 274 zeigt, wobei die Länge FG gleich ist

$^1/_6\ D\,\pi$, also dem sechsten Teile des größten Kugelkreises, während $A\,B$ gleich ist dem größten Kugelkreis, geteilt durch die Anzahl der Segmente; ebenso ist $E\,C$ gleich dem Umfange eines Kreises mit dem

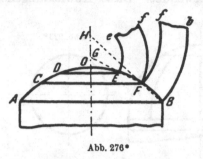

Halbmesser R, Abb. 272, geteilt durch die Anzahl der Segmente.

Wird der Durchmesser D der Kugel sehr groß, so ist man nicht mehr in der Lage, obige Voraussetzung einzuhalten; da man sonst ein zu großes Rundblech erhalten würde, und man ist daher gezwungen, den Halbmesser R kleiner anzunehmen und die Zahl der Segmente zu vergrößern, unter Umständen

Abb. 276*

auch noch diese Segmente zu unterteilen. Es kommt dies auch dann vor, wenn es sich um keine ganze Kugel bzw. Halbkugel handelt, wie in Abb. 276.

Die Abwicklung der Kalotte ist bereits gegeben. Die anderen Schüsse werden nun so abgewickelt, daß man einfach den eingeschriebenen

Abb. 277

Kegel abwickelt, wie das Abb. 276 zeigt.

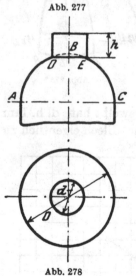

Falls es sich nicht um zu große Durchmesser handelt, kann man die zuerst gegebene Abwicklung immer noch benutzen, selbst wenn die dort gemachte Voraussetzung nicht zutrifft. Es werden dabei die Bleche etwas zu breit, da der Krümmungshalbmesser größer als $1\frac{1}{2}\,D$ wird. Will man jedoch dies vermeiden, so kann man die Kugel ebenso abwickeln, wie es später für die Eiform angegeben ist, Abb. 296.

Es kann der Fall eintreten, daß an einem Kugelboden ein Zylinder anschließt. Tritt der Zylinder senkrecht in die Kugel, d. h. geht die Achse des Zylinders durch das Kugelmittel, wie in Abb. 277 und 278, so ist die Schnittlinie zwischen Kugel und Zylinder ein Kreis von

Abb. 278

gleichem Durchmesser mit dem Zylinder. Das von der Kugel übrigbleibende Stück wird, wie bereits besprochen, abgewickelt. Der abzuwickelnde Zylinder ist ebenfalls nach dem unter Zylinder Gesagten abzuwickeln.

In Abb. 277 und 278 ist der Fall gezeichnet, daß die Achse des Zylinders mit der senkrechten Achse der Kugel zusammenfällt. In Abb. 279 ist dies nicht der Fall, hier ist die Achse geneigt (der Zylinder ist nicht gezeichnet). Den Aufriß der Schnittlinie stellt uns die Gerade

G H dar. Die Kugelsegmente werden wie gewohnt abgewickelt, und zwar so, daß man sich die Kugel zuerst ergänzt denkt bis zu Linie *G G₁*.

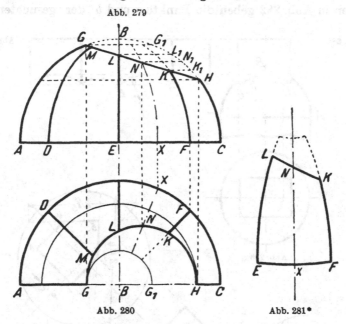

Abb. 279

Abb. 280　　　　Abb. 281*

Dann projiziert man die Punkte *L*, *N* und *K* auf den Kreis, so L_1, N_1, K_1 erhaltend. In der Abwicklung (Abb. 281) nimmt man dann von den entsprechenden Seiten die Längen $G_1—L_1$, $G_1—N_1$ und $G_1—K_1$ weg und verbindet diese Punkte durch eine Kurve und erhält die Abwicklung. Ebenso ist die Abwicklung für sämtliche Segmente durchzuführen. Wie leicht zu sehen, ist die Abwicklung für je 2 Segmente gleich.

Tritt der Zylinder schief in die Kugel, so daß die Zylinderachse nicht durch das Kugelmittel geht, dann ist die Schnittlinie kein Kreis mehr. Der Aufriß der Verschneidungslinie stellt dann keine Gerade vor, sondern ebenfalls eine Kurve (Abb. 282). In diesem Falle handelt es sich um die Bestimmung der Schnittkurve im Aufriß. Man zieht den Hilfshalbkreis für den Zylinder und teilt denselben in eine beliebige Anzahl gleicher Teile und zieht die entsprechenden Parallelen. Im Grundrisse Abb. 281 führt man dasselbe durch und lotet die Punkte *2'* und *3'* zurück in die Abb. 282, so *2''* und *3''*

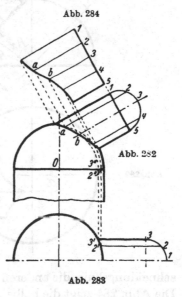

Abb. 284

Abb. 282

Abb. 283

erhaltend. Mit 0 als Mittelpunkt schlägt man nun durch $2''$ und $3''$ Kreise. Ihre Schnittpunkte mit den durch 2 und 3 gezogenen Parallelen in Abb. 282 geben die Punkte a und b der gesuchten Ver-

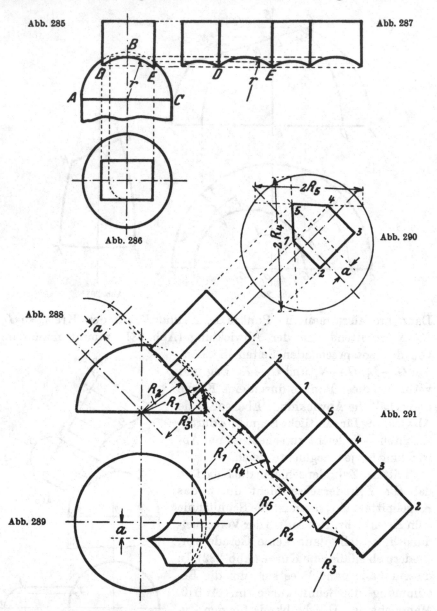

Abb. 285

Abb. 287

Abb. 286

Abb. 290

Abb. 288

Abb. 291

Abb. 289

schneidungslinie, die anderen Punkte werden in gleicher Weise gefunden. Die Abb. 284 zeigt die halbe Abwicklung des Stutzens.

Sehr einfach gestaltet sich die Abwicklung eines Prismas, welches in eine Kugel eintritt. Abb. 285 und 286 stellen einen solchen Fall

dar, während Abb. 287 die Abwicklung des Prismas darstellt. Da
ein Prisma von ebenen Flächen begrenzt wird, so sind die Schnittlinien Stücke eines Kreises. Dabei ist es gleichgültig, ob die Achse
des Prismas durch den Kugelmittelpunkt geht oder nicht. In Abb. 285
und 286 ist ein vierseitiges Prisma dargestellt, und ersieht man sehr
leicht, wie die entsprechenden Halbmesser gefunden werden. Die
Abb. 288 und 289 zeigen einen ähnlichen Fall, nur geht die Achse des
Prismas nicht durch den Kugelmittelpunkt. Aus diesen Abbildungen
ist leicht zu ersehen, wie die Schnittlinien zu suchen sind, d. h. die zugehörigen Halbmesser. Abb. 291 ist die Abwicklung des Prismas.

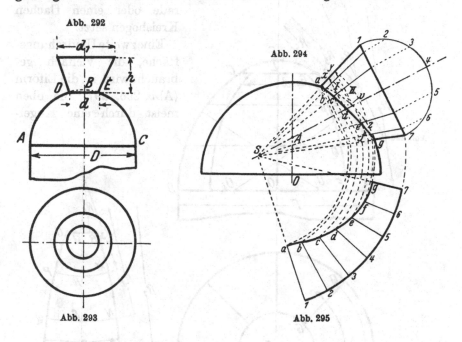

Abb. 292

Abb. 294

Abb. 293

Abb. 295

Obenstehende Abb. 292, 293 zeigen uns eine Kugel mit aufgesetztem
Konus, und zwar den Fall, daß die Achse des Konus durch den Mittelpunkt der Kugel geht. In diesem Falle ist die Abwicklung sehr
einfach, sowohl was die Kugel, als auch was den Konus anbelangt,
da die diesbezüglichen Abwicklungen zu den einfachsten Fällen gehören,
also gar keine Schwierigkeiten bieten. Anders ist der Fall, wenn der
Konus schief in die Kugel tritt, wie in Abb. 294. Um die Abwicklungen,
beide für Kugel und Konus, finden zu können, muß zuerst die Schnittlinie
bestimmt werden. Dieselbe ist durch eine Kurve dargestellt. Zwei
Punkte der Kurve sind sofort gefunden, es sind dies a und g.

Die einzelnen Punkte der Verschneidungslinie werden, wie Seite 13
gezeigt, gefunden. Für 2 Punkte ist dies in Abb. 294 wiederholt. Im
Schnittpunkte A der Mittellinien des Kegels und der Kugel setzt man

ein und schlägt Kreise, hier *I* und *II*. Durch die Schnittpunkte dieser Kreise mit der Kegelerzeugenden, *x* und *y*, werden Senkrechte auf die Kegelmittellinie und durch die Schnittpunkte mit der Kugelerzeugenden, *v* und *z*, Senkrechte auf das Kugelmittel gezogen. Die Schnittpunkte dieser Senkrechten geben dann die gesuchten Punkte der Verschneidungslinie. Auf diese Weise werden sämtliche Punkte gefunden. Abb. 295 zeigt die Hälfte der Konusabwicklung. Wie Abb. 282 und 294 zeigen, sind die Schnittlinien zwischen Kugel und Zylinder einerseits und Konus andererseits sehr flache Kurven, so daß man keinen großen Fehler macht, wenn man dafür eine Gerade oder einen flachen Kreisbogen setzt.

Eine zweite Umdrehungsfläche, die vielfach gebraucht wird, ist die Eiform (Abb. 296, 297), die oben meist durch eine Kugel-

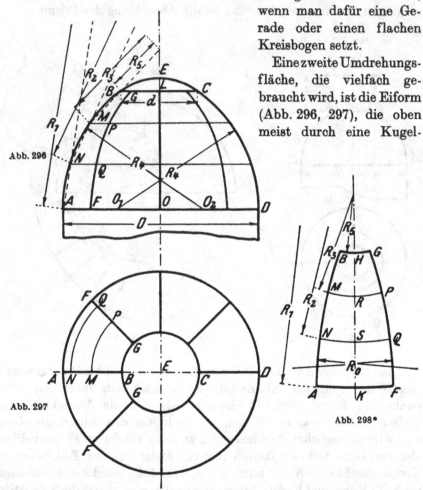

Abb. 296

Abb. 297

Abb. 298*

kalotte abgeschlossen wird. Man teilt die Ogivalhöhe *0 L* in mehrere Teile und zieht durch diese Punkte waagerechte Linien. Hierauf bestimmt man die diesen Abschnitten zukommenden eingeschriebenen Kegel.

Auf einer Linie trägt man die Bogenlänge *A B* (Abb. 296) auf und bekommt so die Punkte *H* und *K* (Abb. 298). Dann bestimmt man die Punkte R und S, indem man die Bogenstücke BM, MN aus Abb. 296 aufträgt. Nun nimmt man R_5 in den Zirkel und schlägt durch H einen Kreisbogen, wobei man in der Linie HK einsetzt. Auf diesem Kreise trägt man nach beiden Seiten je die halbe Bogenlänge BG aus Abb. 297 auf, so B und G erhaltend. Nun schlägt man mit R_1, R_2 und R_3 durch K, S, R die entsprechenden Bogen und trägt dann beiderseits je die Hälfte der Bogenlängen AF, NQ und MP aus Abb. 297 auf und erhält so die Punkte A, N, M, F, Q, P. Durch diese Punkte legt man einen Kreisbogen, dessen Halbmesser R_0 etwas größer ist als $3R_4$.

Auf dieselbe Weise läßt sich auch die Kugel abwickeln.

In Abb. 299 und 300 sehen wir eine Umdrehungsfläche, die beim Bau von Braupfannen Verwendung findet. Es dreht sich hier der Kreisbogen 1—7 um die senkrechte Achse.

Um diese Fläche abwickeln zu können, teilt man zuerst den Bogen 1—7 in Abb. 299 in zwei Teile und zieht an diesen Punkt die Tangente T,

Abb. 299

welche die senkrechte Achse in A schneidet. Weiter teilt man die beiden Hälften des Bogens in eine Anzahl gleicher Teile und zieht die entsprechenden Parallelkreise, welche man in den Grundriß Abb. 300 überträgt. Hier ist angenommen, daß die ganze Umdrehungsfläche, von der nur ein Viertel gezeichnet ist, aus sechs Blechen besteht.

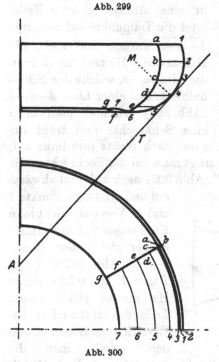

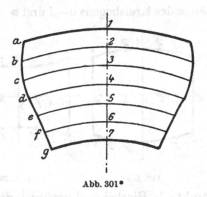

Abb. 300   Abb. 301

Nun zieht man in Abb. 301 eine Gerade und zeichnet einen Kreisbogen mit der Strecke $\overline{4A}$ (Abb. 299) als Halbmesser und dessen Mittelpunkt auf der Geraden liegt. Man erhält so den Kreis 4 (Abb. 301). Von 4 trägt man nach auf- und abwärts die einzelnen Teile des Bogens 1—7 (Abb. 299) auf und zieht zu 4 parallele Kreisbogen. Im Grundriß

Abb. 300) mißt man die Bogen *1—a*, *2—b*, *3—c* .... *7—g* und trägt die Größen auf den Kreisen *1* ... *7* in Abb. 301 rechts und links von der Geraden auf. Man erhält so die Punkte *a* ... *g*, welche, durch eine Kurve verbunden, eine Grenzlinie der Abwicklung bilden. Abb. 301 zeigt die entsprechende Abwicklung.

Auf Seite 16 haben wir einen Krümmer abgewickelt, der aus einzelnen Zylinderstücken zusammengesetzt worden ist (Abb. 31—33). Es ist jedoch auch möglich, diesen Krümmer so zu bauen, daß er eine Umdrehungsfläche bildet, wie dies Abb. 302 zeigt.

Auch dieser Krümmer wird aus einzelnen Blechen hergestellt. Hier sind drei Schüsse angenommen, deren jeder aus 2 Blechen besteht.

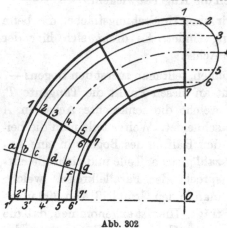

Abb. 302

Nun teilt man den Hilfshalbkreis — es ist vorausgesetzt, daß der Krümmer kreisförmigen Querschnitt besitzt — in Abb. 302 in eine Anzahl gleicher Teile, lotet die Teilpunkte auf die Linie $\overline{1—7—0}$ zurück und zieht die Hilfskreise. Hierauf zieht man die Linie *a—g*, welche den Schuß halbiert. Auf einer Linie *d—a—d* (Abb. 303) errichtet man in *a* eine Senkrechte und trägt die Größe der Teile des Hilfskreises von *a* aus nach rechts und links auf, so die Punkte *b*, *c*, *d* erhaltend. Von *a* trägt man auf der Senkrechten die Länge des Kreisbogens *a—1* und *a—1'* (Abb. 302) nach auf- und abwärts

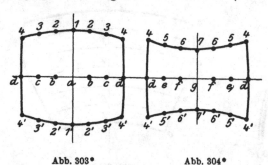

Abb. 303*   Abb. 304*

auf und erhält die Punkte *1* und *1'*. Von *b* aus zieht man Kreisbogen mit dem Halbmesser gleich dem Bogen *b—2* in Abb. 302 und von *1* und *1'* aus solche, deren Halbmesser gleich einem Teile des Hilfskreises ist. Wo sich diese Bogen schneiden, erhält man die Punkte 2. Hierbei sind natürlich die Punkte *b* und *1* sowie *1'* als Mittelpunkte für die Kreisbogen aufzufassen. So fährt man fort, bis alle Punkte bestimmt sind. Durch die Punkte *4*, *d*, *4'* legt man einen flachen Kreisbogen. Abb. 303 und 304 geben die Abwicklungen der beiden Bleche.

Eine bei Schornsteinfüßen vorkommende Umdrehungsfläche zeigen uns die Abb. 305, 306.

Um dieselbe abzuwickeln ziehen wir uns die Sehne $B\,C$ in Abb. 305 und halbieren sie in E. In diesem Punkte errichten wir eine Senkrechte auf $B\,C$, welche den Bogen in 4 schneidet. Die Strecke 4 E halbieren wir und ziehen durch den Halbierungspunkt eine Parallele zu $B\,C$, welche die Mittellinie in S schneidet.

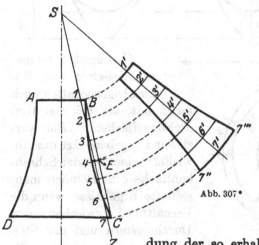

Den Bogen $B\,C$ teilen wir in eine Anzahl gleicher Teile, die auf der Linie $S\,Z$ entsprechend aufgetragen werden. Mit S als Mittelpunkt schlägt man durch die so erhaltenen Punkte $1\ldots7$ Kreise, auf welche man die aus dem Grundrisse entnommenen Bogenlängen, von einer Geraden $1'\,7'$ aus aufträgt, wie dies die Abbildungen deutlich erkennen lassen. Durch Verbindung der so erhaltenen Punkte erhält man die Abwicklung, wie sie Abb. 307 zeigt.

Abb. 307

Abb. 305 u. 306

IV. Schraubenfläche

Eine ziemlich seltene Aufgabe ist es, eine Schraubenfläche abzuwickeln. Abb. 308, 309 stellt uns eine solche dar. Die Abwicklung ist in Abb. 310 gezeigt, sie stellt einen Teil eines Kreisringes dar.

Die Größe des Halbmessers r ergibt sich wie folgt:

s sei die Steigung der Schraubenfläche,

D und d die Durchmesser,

U und u die zugehörigen Längen der Schraubenlinien, gemessen an den Zylindern D und d,

$b = \dfrac{D-d}{2}$ die Breite der Schraubenfläche.

$$U = \sqrt{D^2\,\pi^2 + s^2} = (r + b)\ \text{arc}\ (360 - a),$$

$$u = \sqrt{d^2\,\pi^2 + s^2} = r\ \text{arc}\ (360 - a),$$

$$U:u = (r + b)\ \text{arc}\ (360 - a) : r\ \text{arc}\ (360 - a),$$

$$U:u = (r + b) : r,$$

$$r = \frac{b\,u}{U-u}, \qquad R = r + b.$$

Hat man r gefunden, so findet man leicht R. Man zieht hierauf die beiden konzentrischen Kreise und trägt darauf U bzw. u auf.

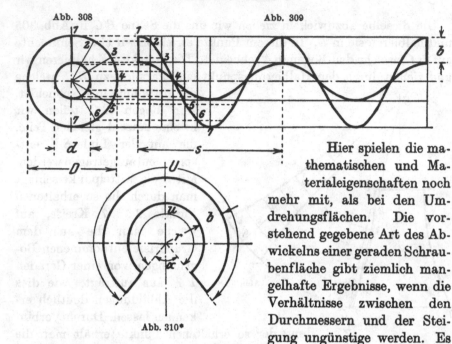

Abb. 308   Abb. 309

Abb. 310*

Hier spielen die ma-
thematischen und Ma-
terialeigenschaften noch
mehr mit, als bei den Um-
drehungsflächen. Die vor-
stehend gegebene Art des Abwickelns einer geraden Schraubenfläche gibt ziemlich man-
gelhafte Ergebnisse, wenn die
Verhältnisse zwischen den
Durchmessern und der Steigung ungünstige werden. Es
ist besser, die gerade Schraubenfläche so wie die schiefe abzuwickeln.

Die in Abb. 311 und 312 dargestellte Schraubenfläche ist eine so-
genannte schiefe Schraubenfläche, weil die Begrenzungslinien eines
Schraubenganges nicht wie bei Abb. 308 und 309 senkrecht zur Schrau-
benachse, sondern schief stehen. Die Abwicklung dieser Fläche erfolgt
wieder mit Hilfe der Dreiecksmethode. Die Strecke a—2, Abb. 312, ist
gleich 1—2 in Abb. 311, ebenso b—4, Abb. 312, gleich 1—4 in Abb. 311.

Die Länge der Teile 1—3, 3—5 ... in Abb. 313 ist gleich $\dfrac{\sqrt{4\,r^2\,\pi^2 + s^2}}{n}$

und der Teile 2—4, 4—6 ... in Abb. 313 ist gleich $\dfrac{\sqrt{4\,R^2\,\pi^2 + s^2}}{n}$

wobei n die Anzahl der Teile ist, in welche die Schraubenfläche zerlegt

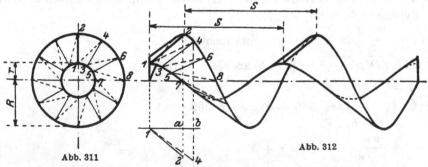

Abb. 311   Abb. 312

wurde. Der weitere Vorgang des Abwickelns ist bekannt. Abb. 313
gibt die Abwicklung eines Ganges.

Als Abflußrinne verwenden finden wir die Schraubenfläche in Abb. 314 und 315. Allerdings ist hier nur ein Viertel verwendet. Die Abwicklung des Grundbleches (Abb. 318), wird wie zuvor auf Seite 89 beschrieben, gefunden. Die Abwicklungen der beiden Seitenflächen zeigen die Abb. 316 und 317 und sind so einfach, daß sich jede Beschreibung erübrigt.

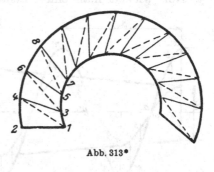

$$c = \frac{d\pi}{4}$$

$$f = \frac{(d + 2\,b)\,\pi}{4}$$

Abb. 313*

Abb. 319, 320 zeigt eine gerade Schraubenfläche, welche auf einem Kegel aufgewickelt ist. Man teilt den großen Kreis, Abb. 320, in eine Anzahl gleiche Teile und zieht die entsprechenden Halbmesser. Ebenso teilt man die Steigung s und zieht die entsprechenden Senkrechten zur

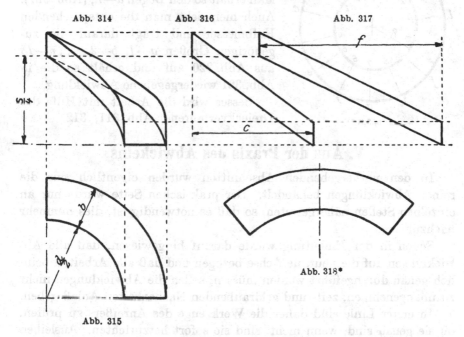

Abb. 314   Abb. 316   Abb. 317

Abb. 318*

Abb. 315

Kegelachse Abb. 319. Die äußere Schraubenlinie wird in bekannter Weise konstruiert. Die Punkte für die innere erhält man auf folgende Art, zum Beispiel Punkt *2'*. Man nimmt *I—II*, also die Strecke vom Schnittpunkte der Senkrechten mit der Kegelachse bis zum Schnittpunkte mit der Mantellinie, und trägt sie auf dem zugehörigen Halbmesser

0—b in Abb. 320 auf, so den Punkt *2* erhaltend. Diesen Punkt projiziert man in die Abb. 319 auf *2'*. So verfährt man für alle Punkte.
Nun wickelt man einen Schraubengang in bekannter Weise ab,

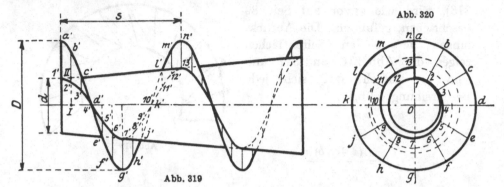

Abb. 320

Abb. 319

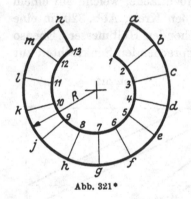

Abb. 321

indem man zur Berechnung von *R* an-
nimmt, die Schraubenfläche sei auf einen
Zylinder mit *d* Durchmesser aufgewickelt.
Man erhält so den Bogen *a—n*, (Abb. 321).
Auch hier zieht man die entsprechenden
Halbmesser und trägt darauf die zu-
gehörigen Größen *a—1*, *b—2* .... *n—13*
aus Abb. 320 auf und erhält so die in
Abb. 321 wiedergegebene Abwicklung.

Besser wird die Arbeit mit Hilfe des
Dreieckverfahrens, Abb. 311, 312.

V. Aus der Praxis des Abwickelns

In den vorhergehenden Abschnitten wurden eigentlich nur die
reinen Abwicklungen behandelt. Der praktischen Seite wurde nur an
einzelnen Stellen nähergetreten, so daß es notwendig ist, dies nunmehr
nachzuholen.

Schon in der Einleitung wurde darauf hingewiesen, daß alle Abwicklungen auf die neutrale Achse bezogen und daß alle Arbeiten pein-
lich genau durchgeführt werden müssen, sollen die Abwicklungen nicht
zu unangenehmen, zeit- und geldraubenden Nacharbeiten Anlaß geben.

In erster Linie sind daher die Werkzeuge des Anreißers zu prüfen,
ob sie genau sind, wenn nicht, sind sie sofort herzurichten. Ausleihen
soll der Anreißer seine Werkzeuge nie, da er nie weiß, wie sie der Ent-
lehner behandelt. Um Lineale zu prüfen, ob sie gerade sind, zieht man
entlang desselben eine Linie und kehrt hierauf das Lineal um, so daß
das linke Ende nach rechts und das rechte Ende nach links kommt.
Ergibt sich eine Abweichung, so ist das Lineal so lange vorsichtig zu

schleifen, bis die Abweichung verschwindet. Hierbei sei bemerkt, daß nach jedem Abschleifen eine neue Linie zu ziehen und diese zum Vergleich heranziehen ist.

Zeitraubender und schwieriger ist das Herrichten eines Winkels. Die Seiten sind wie beim Lineal zu prüfen. Um die Winkel zu prüfen, zeichnet man sich einen genauen Winkel (90°, 60°, 30°, 45°) auf und prüft, ob sich die Seiten des Winkels decken. Ist dies nicht der Fall, so sind die Seiten sehr vorsichtig nachzuschleifen.

Das Nachschleifen und Richten von Linealen und Winkeln überläßt

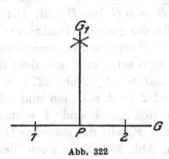

Abb. 322

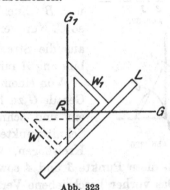

Abb. 323

man am besten geschulten Mechanikern, da sonst sehr leicht diese Gegenstände völlig unbrauchbar gemacht werden.

Es sei im Punkte P einer Geraden G auf diese eine Senkrechte G_1 zu errichten, Abb. 322. Man trägt von P auf der Geraden G nach rechts und links je den gleichen Abstand auf, so die Punkte 1 und 2 erhaltend. Nun setzt man in 1 und 2 mit dem Zirkel ein und beschreibt zwei Kreisbogen in der ungefähren Lage von G_1. Den Schnittpunkt der beiden Kreisbogen verbindet man mit P, und die gesuchte Senkrechte ist gefunden. Man kann G_1 auch auf folgende Art finden. An die Gerade G legt man den Winkel W und an diesen das Lineal L, Abb. 323. Nun hält man L in seiner Lage fest und bringt den Winkel durch Drehung in die Lage W_1 und kann sofort die Gerade G_1 ziehen, welche in P auf G senkrecht steht.

Eine weitere Konstruktion des rechten Winkels ist folgende. Mit dem Punkte P als Mittelpunkt schlägt man mit beliebigem Halbmesser einen Halbkreis. Setzt in 1 und 2 ein und schneidet mit gleichem Halbmesser auf dem Kreise ab, in den Punkten 3

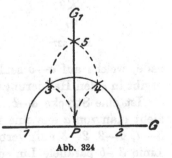

Abb. 324

und 4, Abb. 324. Nun setzt man in 3 und 4 ein und schlägt Kreise, die sich in 5 schneiden. 5 mit P verbunden gibt die gesuchte Gerade G_1, welche in P auf G senkrecht steht.

Ist die Senkrechte am Ende einer Linie, z. B. in einer Blechecke, zu errichten, so erfolgt dies nach Abb. 325. Von *a* nach *b* trägt man 4 Teile auf. Nun nimmt man 3 Teile in den Zirkel und schlägt mit *a*

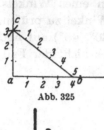

als Mittelpunkt einen Kreisbogen. Hierauf nimmt man 5 Teile in den Zirkel und schneidet von *b* aus ab und erhält so den Punkt *c*. Die Verbindungslinie von *c* nach *a* gibt die gesuchte Senkrechte.

Abb. 325

Eine zweite Art ist in Abb. 326 gezeigt. Von *A* und *B* schneidet man mit dem Zirkel ab und erhält so *C*. Nun verbindet man *B* mit *C* und trägt von *C* aus die Strecke $\overline{AB} = \overline{BC}$ bis *D* auf. Die Verbindung *A* mit *D* gibt die gesuchte Senkrechte.

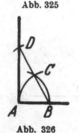

Abb. 326

Von einem Punkte *P* ist eine Senkrechte auf die Gerade *G* zu fällen. Man setzt in *P* mit dem Zirkel ein und schneidet auf *G* ab, Abb. 327. In den Schnittpunkten *1* und *2* setzt man ein und schlägt Kreisbogen, welche sich in *3* und *4* schneiden. Durch diese Punkte *3* und *4* sowie durch *P* geht die gesuchte Gerade G_1. Das vorher beschriebene Verfahren, Abb. 323, kann auch hier angewendet werden, falls *P* nicht zu weit von *G* entfernt ist.

Eine Gerade *a—b* halbiert man, indem man in *a* und *b* mit dem Zirkel einsetzt und Kreisbogen mit gleichen Halbmessern beschreibt. Die Schnittpunkte verbunden ergeben eine Ge-

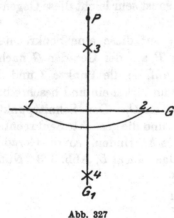

Abb. 327

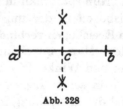

Abb. 328

rade, welche auf *a—b* senkrecht steht, und ihr Schnittpunkt mit *a—b* ergibt in *c* den Halbierungspunkt, Abb. 328.

Ist eine Strecke *a—b*, Abb. 329, in drei gleiche Teile zu teilen, so zieht man von *a* aus eine schräge Linie, trägt darauf drei gleiche Teile *a—1, 1—2, 2—3* auf, verbindet *3* mit *b* und zieht durch *1* und *2* zur Linie *3—b* parallele Linien. Durch die sich ergebenden Schnittpunkte *c* und *d* ist die Dreiteilung gegeben.

Ebenso geht man vor, wenn eine Strecke in eine andere ungerade Zahl von Teilen geteilt werden soll. Ist die Zahl der Teile gerade, so teilt man so oft in zwei Teile, bis die Teilung vollzogen ist oder ein ungerader Rest bleibt, der wie oben geteilt wird.

Das Auftragen einer größeren Zahl von Teilen hintereinander wird meist ungenau. Man teilt daher wie vorher beschrieben und überträgt nur die letzten Teile. Das Übertragen der Teile geschieht, wie in Abb. 330 gezeigt, der-

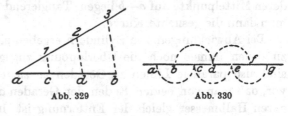

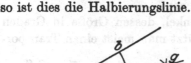

Abb. 329

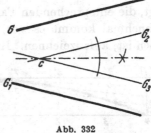

Abb. 330

art, daß die Zirkelspitzen die punktiert gezeichneten Wege beschreiben.

Um den Winkel bei C zu halbieren, Abb. 331, schlägt man einen Kreisbogen a—b, setzt in a und b ein und schlägt Kreisbogen, die sich in g schneiden. Verbindet man g mit C, so ist dies die Halbierungslinie.

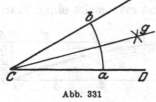

Abb. 331

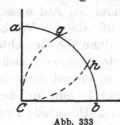

Abb. 332

Ist die Spitze des Winkels nicht gegeben, zieht man zu den Geraden G und G_1, Abb. 332, Parallele G_2 und G_3 in gleichem Abstande mit dem Schnittpunkte C. Nun kann man den Winkel wie beschrieben halbieren.

Die Teilung eines Winkels in eine ungerade Zahl von Teilen geschieht durch Probieren, da es hierfür keine genauen Konstruktionen gibt und diese zu umständlich und zeitraubend sind. Nur die Drei-

Abb. 333

Abb. 334

teilung des rechten Winkels ist einfach. Der rechte Winkel bei C Abb. 333 sei in drei Teile zu teilen. Man schlägt den Viertelkreis a—b, setzt mit dem Zirkel in a und b ein und schneidet nach g und h ab, so die Dreiteilung durchführend. Die Halbmesser Cb, Ca, ah und bg sind vollständig gleich.

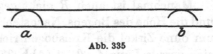

Abb. 335

Ist nun bei einer Abwicklung die Kurve a—b, Abb. 334, entstanden, und soll parallel zu ihr eine zweite gezogen werden, z. B. um Überlappungsbreite, so nimmt man die Entfernung, hier Überlappung, in den Zirkel und schlägt, wie gezeichnet, eine Reihe von Kreisbogen, deren Mittelpunkte auf a—b liegen. Tangierend an diese Kreisbogen legt man dann die gesuchte Kurve.

Bei Abwicklungen von Zylindern ergeben sich lauter gerade Linien, zu denen immer noch die Überlappung zugegeben werden muß. Es sind also parallele Linien zu Geraden zu ziehen. Hierbei geht man so vor, daß man von beiden Enden der Geraden a—b Kreisbogen schlägt, deren Halbmesser gleich der Entfernung ist, in der die Parallele verlaufen soll, Abb. 335. Tangierend an diese Kreisbogen legt man mit einem Lineal die Parallele.

Sind die Linien kurz, so kann man auch, wie beim Zeichnen auf Papier, durch Verschieben eines Dreieckes, welches an einem Lineale anliegt, die entsprechenden Parallelen ziehen.

Manchmal kommt es vor, einen Winkel, dessen Größe in Graden gegeben ist, aufzuzeichnen. Hierzu benützt man meist einen Transpor

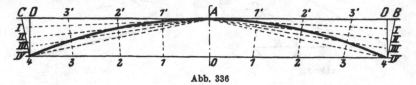

Abb. 336

teur, oder falls ein solcher nicht vorhanden ist, kann man den Winkel auf folgende Art bestimmen. Soll durch den Punkt C, Abb. 331, eine Linie gezogen werden, die mit der Linie C—D einen bestimmten Winkel einschließt, so setzt man in C mit dem Zirkel ein und schlägt einen Kreisbogen, dessen Halbmesser C a = 57,3 mm ist. Auf diesem Kreisbogen trägt man ebenso viele Millimeter auf, als der Winkel Grade zählt, und erhält so b. Die Gerade C b ist dann die Gesuchte. Auf dem Kreise mit dem Halbmesser 57,3 mm ist jeder Millimeter gleich 1° des Zentriwinkels. Will man genauer arbeiten, so nimmt man den Halbmesser gleich 573 mm und hat für jeden Grad 10 mm auf dem Bogen abzutragen. Hierdurch wird es möglich, auch Unterteile eines Grades noch aufzutragen.

Wird bei einer Kegelabwicklung R sehr groß, so ist selten ein so großer Stangenzirkel vorhanden und wenn, so ist so ein Ungetüm schwer zu handhaben.

Manchmal ist auch R nicht gegeben, sondern nur die Sehnenlänge und die Höhe des Bogens. Nachstehend seien nun einige Arten angegeben, um ohne Zirkel die Kreisbogen richtig zeichnen zu können. Man ziehe eine gerade Linie 4—0—4 (Abb. 336) und errichte darauf im Punkte 0 eine Senkrechte und trage die Bogenhöhe 0—A auf. Nun zieht man

durch A eine Parallele zur Linie 4—0—4. Von 0 aus trägt man zu
beiden Seiten je die Hälfte der Sehnenlänge auf und teilt jede Hälfte
in eine Anzahl gleicher Teile. In 4 und 4 errichtet man auf die Linie
4—0—4 Senkrechte und teilt die Strecke D—4 in dieselbe Anzahl
Teile. Nun verbindet man die Punkte I, II, III, IV mit A. Auf die

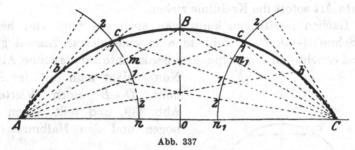

Abb. 337

Linien A—4 werden in den Punkten 4 Senkrechte errichtet, welche die
Linie D—A—D in C und B schneiden. Die Strecken AB und AC
werden in dieselbe Anzahl Teile geteilt wie 04; hierauf verbindet man die
Punkte $1\ 1'$, $2\ 2'$ usw.
Die Schnittpunkte der
gleichbezeichneten Linien
ergeben Punkte des
Kreisbogens. Nimmt man
nun eine biegsame Latte,
so kann man dieselbe so
biegen, daß sie alle

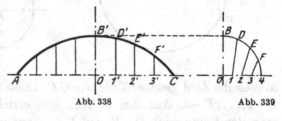

Abb. 338   Abb. 339

Punkte berührt, und danach kann man nun den Kreisbogen ziehen.

Eine andere Art ist in Abb. 337 dargestellt.

Auf einer Geraden AC trägt man zu beiden Seiten des Punktes 0
je die Hälfte der Sehnenlänge auf. In 0 errichtet man eine Senkrechte
auf AC und trägt darauf die Bogenhöhe auf. Hierauf zieht man die
Linien AB und BC. Sodann benutzt man A und C als Mittelpunkte
für Kreise, deren Halbmesser beliebig gewählt werden. Diese Kreise
schneiden die Linien A—0—C, BA und BC in den Punkten n, n_1 und
m, m_1. Die Bogenlängen m, n und m_1, n_1 teilt man in eine gleiche Anzahl gleicher Teile. Von m bzw. m_1 trägt man nach außen auf den
Kreisbogen ebenso viele Teile auf, als der Bogen m, n bzw. m_1, n_1 auf-
weist. Verbindet man diese Punkte nun mit A und C, so ergeben die
Schnittpunkte der gleichnamigen Strahlen in b, c weitere Punkte des
Kreisbogens A, B, C. Mit Hilfe einer biegsamen Latte läßt sich der
Kreisbogen ebenfalls leicht zeichnen.

Diese Art der Aufsuchung des Kreisbogens läßt sich noch verein-
fachen. Zieht man von B in Abb. 337 zu den Punkten A und C Linien,
so schließen beide einen bestimmten Winkel ein. Nimmt man nun

zwei gerade Latten und befestigt sie so gegeneinander, daß sie die Schenkel des Winkels $A\,B\,C$ bilden und läßt den Schenkel $A\,B$ entlang des Punktes A gleiten und den Schenkel $B\,C$ an dem Punkte C, so beschreibt der Punkt B eine genaue Kreislinie. Befestigt man im Punkte B an den Latten einen Schreibstift, so läßt sich auf die geschilderte Art sofort die Kreislinie ziehen.

Bei flachen Kreisbögen kann man auch wie folgt vorgehen: die halbe Sehne $A\!-\!0$, $0\!-\!C$ teilt man in eine gleiche Anzahl gleicher Teile und errichtet in den Teilpunkten Senkrechte auf die Sehne, Abb. 338.

Nun schlägt man mit der Bogenhöhe $0\!-\!B$ einen Viertelkreis, Abb. 339, und teilt diesen Kreisbogen und den Halbmesser $0\!-\!4$

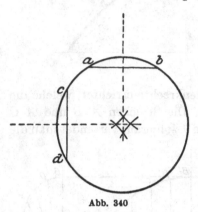

Abb. 340

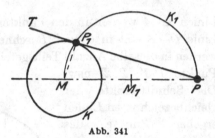

Abb. 341

in dieselbe Zahl gleicher Teile wie $0\,C$. Diese Teilpunkte verbindet man $D\!-\!1,\ldots F\!-\!3$. Auf den in Abb. 338 errichteten Senkrechten trägt man der Reihe nach $0\!-\!B$, $D\!-\!1\ldots$ auf und erhält die Punkte B', $D'\ldots C$, durch welche der Kreisbogen geht.

Es sei ein Kreis gegeben und dessen Mittelpunkt zu suchen. Man nimmt schätzungsweise den Halbmesser in den Zirkel und schlägt von vier möglichst gegenüberliegenden Punkten gegen den Mittelpunkt zu Kreise, Abb. 340. Diese Kreise bilden ein Viereck, in dem man nun je zwei gegenüberliegende Ecken verbindet. Der Schnittpunkt dieser Linien gibt den Mittelpunkt. Falls der Kreis auf entsprechend großer Platte liegt, kann man ihn auch wie folgt finden. Man ziehe zwei Linien $a\!-\!b$ und $c\!-\!d$, halbiere sie, errichte im Halbierungspunkte Senkrechte, und deren Schnittpunkt ergibt den Kreismittelpunkt. Die Punkte a und c können auch zusammenfallen. Man kann auch nur eine Linie, z. B. $a\!-\!b$, ziehen, halbiert sie und errichtet die Senkrechte. Diese Senkrechte schneidet den Kreis in zwei Punkten, welche den Durchmesser begrenzen. Halbiert man diesen Durchmesser, so hat man wieder den Mittelpunkt.

Es sei nun an einen Kreis eine Tangente im Punkte P_1 zu ziehen. Man verbindet den Punkt P_1 mit dem Mittelpunkte M, Abb. 341, und errichtet auf dieser Verbindungslinie in P_1 eine Senkrechte. Diese ist

die gesuchte Tangente T. Soll die Tangente von einem außerhalb
liegenden Punkt P an den Kreis K gezogen werden, so verbindet man
P mit M und halbiert. Mit dem Halbierungspunkt M_1 als Mittelpunkt
beschreibt man einen Kreis K_1, der durch M und P geht. Dieser
schneidet K im Punkte P_1. P_1 mit P verbunden ergibt die Tangente

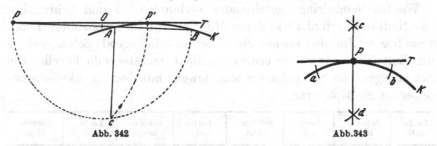

Abb. 342   Abb. 343

T. Ist der Kreis sehr groß, so daß der Mittelpunkt nicht erreichbar
ist, so geht man nach Abb. 342 vor. Vom Punkte P zieht man eine
Linie, die den Kreisbogen K in A und B schneidet, und zwar so, daß
die Strecke PA größer ist als AB. Nun halbiert man PB, setzt
in O ein und zieht den Halbkreis von B nach P. In A errichtet man eine

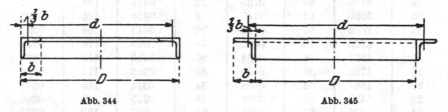

Abb. 344   Abb. 345

Senkrechte auf PAB, setzt in P mit dem Zirkel ein und zieht den
Kreisbogen von C nach P', welcher der Berührungspunkt der Tangente
ist. P mit P' verbunden gibt die gesuchte Tangente T.

Im Punkte P ist an den Kreisbogen K, Abb. 343, eine Tangente zu
legen. Man setzt mit dem Zirkel in P ein, schneidet nach a und b gleich
große Stücke ab. Nun setzt man in a und b ein, zieht mit beliebigem
Halbmesser Kreisbogen, die sich in c und d schneiden. Auf die Verbindungslinie c—d errichtet man in P eine Senkrechte und erhält so die
Tangente T.

Sind Winkelringe herzustellen, so findet man die gestreckte Länge
des Winkeleisens, welches zur Bildung des Ringes notwendig ist, indem
man bei Ringen nach Abb. 344 $d = D - \frac{2}{3} b$ bestimmt und die Winkel-
länge $L = d\pi + 50$ mm macht.

Bei Ringen nach Abb. 345 wird $d = D + \frac{2}{3} b$ und L wie vorher.
Die Überlänge von 50 mm dient als Zugabe für Schweißen, und um ein
Stück zum Anfassen zu haben. Ein Teil dieser 50 mm muß naturgemäß
vor dem Verschweißen abgeschlagen werden.

Bei Abwicklungen, wo das Blech nachher im Feuer noch stark gebogen wird, z. B. an Stelle *6′* in Abb. 14 oder *6—b* in Abb. 56, gibt man noch eine Blechstärke an diesen Stellen zu und läßt diese Zugabe gegen die wenig oder nicht gebogenen Teile hin verlaufen. Diese Zugabe ist notwendig, weil sich hier das Material sehr stark strecken muß.

Werden Winkelringe miteinander verbunden, so sind Schrauben- oder Nietlöcher erforderlich, deren Mittelpunkte im sogenannten Loch- kreise liegen. Um die zwischen zwei Lochmitteln liegende Sehne, welche zum Einteilen nötig ist, zu ermitteln, dient nachstehende Tabelle. Die dort angegebenen Sehnenlängen sind jeweils mit dem Lochkreisdurch- messer zu multiplizieren.

Loch-zahl	Sehnen-länge	Loch-zahl	Sehnen-länge	Loch-zahl	Sehnen-länge	Loch-zahl	Sehnen-länge
3	0,8660	28	0,1120	60	0,0523	92	0,0341
4	7071	30	1045	62	0507	94	0334
5	5878	32	0980	64	0491	96	0327
6	5000	34	0923	66	0476	98	0321
7	4339	36	0872	68	0462	100	0314
8	3827	38	0826	70	0449	102	0308
9	3420	40	0785	72	0436	104	0302
10	3090	42	0747	74	0424	106	0296
12	2588	44	0713	76	0413	108	0291
14	2225	46	0682	78	0403	110	0286
16	1951	48	0654	80	0393	112	0280
18	1736	50	0628	82	0383	114	0276
20	1564	52	0604	84	0374	116	0271
22	1423	54	0581	86	0365	118	0266
24	1305	56	0561	88	0357	120	0262
26	1205	58	0541	90	0349	122	0258

Es sei in einem Boden ein Loch mit einem Bördel herzustellen, wie dies im Ausschnitte die Abb. 346 zeigt. Es handelt sich hier darum,

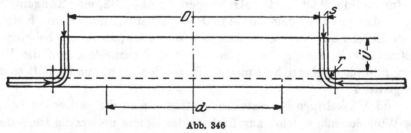

Abb. 346

wie groß das Loch im Boden vor dem Bördeln auszuschneiden ist, also um die Bestimmung von *d*. Man findet *d*, indem man die mit Pfeilen versehene mittlere Faser, vermehrt um $\frac{3}{4} s$, in die mittlere Boden- fläche umlegt oder rechnerisch

$$d = D - s - 1{,}2\,r - 2\,\ddot{u}\,.$$

Bei besonders dicken Blechen liegt bei Abbiegungen über 90° die neutrale Faser nicht in der Mitte, sondern im Drittel, siehe Abb. 347.

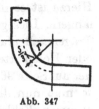

Um den Umfang eines fertigen Zylinders zu bestimmen, bedient man sich eines Meßrades, wie man es sich nach Abb. 348 leicht selbst anfertigen kann. Wählt man den Raddurchmesser mit 95,5 mm, so ist sein Umfang praktisch genau 300 mm; bei 191 mm Durchmesser wird er 600 mm. Der hierbei gemachte Fehler beträgt bei einem Meter Meßlänge nur 0,066 mm, was in der Praxis vollständig vernachlässigt werden darf.

Abb. 347

Derartige Meßräder mit selbsttätiger Zähl- und Nullstellvorrichtung kann man in den einschlägigen Geschäften auch kaufen.

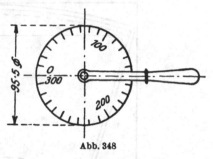

Im nachstehenden seien nun als Beispiele die Abwicklungen für einen Kegel- und Zylinderschuß nach Abb. 349 durchgeführt. Zuerst sei der Kegel abgewickelt. Man berechnet die Bestimmungsmaße nach Seite 37 für einen Kegelstumpf auf Mitte Blech, also mit einer Länge L, einem unteren Durchmesser $D-s$ und einem oberen Durchmesser $d+3\,s$.

Abb. 348

Um auf dem zugehörigen Bleche zeichnen, anreißen zu können, wird es mit dünner Kalkmilch bestrichen, nach deren Trocknen auf der

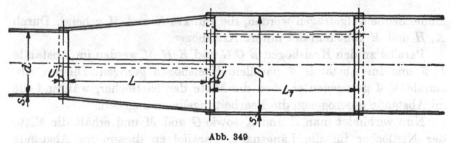

Abb. 349

entstehenden weißen Fläche mit der Reißnadel gearbeitet wird. Zuerst, das heißt noch vor dem Bestreichen, untersucht man das Blech, ob es groß genug und rechtwinklig geschnitten ist. Dann bestimmt man die Mittellinie $A—B$, Abb. 350. Ungefähr 2—3 mm, gerade so viel, wie zum Bearbeiten nötig ist, von A entfernt schlägt man einen Körner und trägt von diesem bis C die Überlappung $ü$ auf und anschließend die gerechnete große Pfeilhöhe bis D. In D errichtet man eine Senkrechte auf $A—B$ und trägt nach rechts und links je die halbe große Sehne auf und erhält so die Punkte E und G. Durch diese und C wird nun mit dem großen Halbmesser ein Kreisbogen geschlagen. Dies geschieht, wenn er nicht zu übermäßig groß ist, mit dem Stangenzirkel. Hierzu ist es immer notwendig, die Linie A—B entsprechend zu verlängern. Dies geschieht mit Hilfe eines Flacheisens, Winkeleisens oder Trägers, allenfalls auch mit einer auf Holzböcken liegenden Blechplatte oder Holzplatte. Wird der Halbmesser zu groß, so benutzt man eines der auf Seite 96—98 angegebenen Verfahren. Hat man genau gearbeitet, so muß nun die gemessene Bogenlänge mit der gerechneten übereinstimmen. Fehler von 1—2 mm kann man vernachlässigen.

Nun trägt man von C bis H die schräge Länge L_2 auf. Von H bis J trägt man die kleine Pfeilhöhe auf und errichtet in J auf die Mittellinie A—B eine Senkrechte, auf der nach rechts und links je die halbe

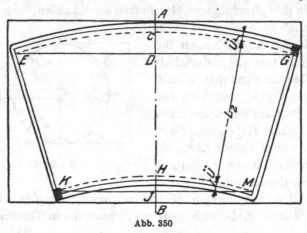

Abb. 350

kleine Sehne aufgetragen werden, die Punkte K und M gebend. Durch K, H und M geht nun der untere Kreisbogen.

Parallel zu den Kreisbögen $E\,C\,G$ und $K\,H\,M$ werden im Abstande $\frac{1}{2}\,\ddot{u}$ und im Abstande $\ddot{u}$ parallele Kreisbogen gezogen. Die im Abstande $\frac{1}{2}\,\ddot{u}$ gezogenen ergeben die Mitte der Nietlöcher, während die im Abstande $\ddot{u}$ gezogenen die Bearbeitungslinien angeben.

Nun verbindet man E und K sowie G und M und erhält die Mitte der Nietlöcher für die Längsnaht. Parallel zu diesem im Abstande $\frac{1}{2}\,\ddot{u}$ werden Linien gezogen, welche die Bearbeitungslinien darstellen.

Sämtliche Linien werden nun entsprechend angekörnt, und zwar so, daß die Körnerspitze genau auf der Linie ist und der Körner senkrecht zum Bleche steht. Hierdurch wird das beim Schlage entstehende Körnerkreisel durch die Linie halbiert. Steht der Körner schief, oder ist die Spitze nicht auf der Linie, so wird das Körnerkreisel nicht mehr halbiert, was bei der Bearbeitung zu Unzukömmlichkeiten führt, da die Hobler und Behauer gewöhnt sind, daß nach Bearbeitung noch das halbe Körnerkreisel sichtbar ist.

Bei dieser Kegelabwicklung wird man die Nietlöcher der Rund-
nähte noch nicht einteilen, da das Blech einerseits eingezogen, andrer-
seits aufgebogen wird, durch welche Arbeit die gemachte Einteilung
ungenau werden würde. Man teilt daher diese Nähte nach dem Zu-
sammenrollen, Einziehen und Ausbiegen. Die Längsnaht, welche gerade
bleibt, wird jedoch sofort geteilt.

Als Schlußarbeit ist nur noch anzugeben, wie die Blechkanten zu
hobeln und zu behauen sind, welche Ecken und wie sie abgeschärft
werden sollen. Für den Bohristen ist der Lochdurchmesser der Nietlöcher und für den Mann bei der Einrollmaschine sind die beiden

Abb. 351

Enddurchmesser anzugeben. Auch die Arbeitsnummer (Bestellnummer
Kommissionsnummer) ist noch anzugeben.

Hierfür sind in den einzelnen Werkstätten verschiedene Zeichen
gebräuchlich.

Die Abb. 351 zeigt uns die Abwicklung des anschließenden großen
Zylinders. Zuerst wieder untersuchen, ob das Blech hierzu groß genug
und winkelrecht geschnitten ist; hernach Anstreichen der Ränder mit
Kalkmilch. L_1 und $ü$ werden direkt aus der Zeichnung abgelesen.
U der Umfang ist zu berechnen. Hierzu nimmt man den großen Durchmesser D und vermehrt ihn um s und kommt so auf die neutrale Achse.
Wenn man so den Durchmesser berechnet und das Blech danach be-
schneidet und einrollt, so geht der Zylinder nicht über das zylindrische
Bördel, weil beide gleich groß sind. Es muß etwas Spielraum vorhanden
sein, welchen man erhält, wenn man den Durchmesser D um 2 mm
vergrößert. Es wird also $U = (D + s + 2)\,\pi$.

Das Anreißen selbst ist einfach; man zieht eine Linie knapp am
Blechrande. Der Abstand ist nur so groß, als zur Bearbeitung (Hobeln)
Material nötig ist. Parallel hierzu im Abstande $\frac{1}{2}\,ü$ zieht man eine
zweite Linie und trägt auf dieser U oder L_1 auf, je nachdem, ob man

mit der Lang- oder Schmalseite mit der Arbeit begonnen hat. In den Endpunkten errichtet man Senkrechte und trägt hierauf L_1 oder U auf. Die so erhaltenen Endpunkte verbindet man wieder und hat nun alle vier Mittellinien für die Nietlöcher erhalten. Parallel zu diesen Mittel-

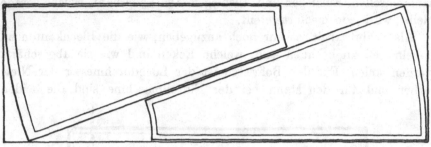

Abb. 352

linien zieht man im Abstande $\tfrac{1}{2}\,\ddot{u}$ weitere Linien, welche die Bearbeitungsgrenze angeben.

Bei diesem Zylinder, bei dem das Blech keiner weiteren Behandlung im Feuer unterworfen ist, werden nun sämtliche Nietlöcher ein-

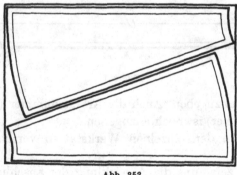

Abb. 353

geteilt und gut angekörnt. Die Körner für die Nietmittel müssen genau auf der Mittellinie und zentrisch sitzen, weil die Bohrerspitze beim Bohren der Löcher auf dieser Körner eingestellt wird. Sitzen die Körner schlecht, so sitzen auch die Löcher schlecht und müssen nachgerieben werden, was Zeit- und Geldverluste herbeiführt.

Die Angaben über Größe der Nietlöcher, Durchmesser des Zylinders, Abschärfen, Hobeln usw. sind ebenfalls anzubringen.

Werden die Bleche für Kegel schmal und lang, so legt man, um Abfall zu sparen, immer zwei wie in Abb. 352 oder 353 zusammen. Auch bei anders geformten Blechen ist immer zu trachten, die Abwicklung so in das rechteckige Blech zu legen, daß möglichst wenig Abfall entsteht.

Wichtig ist auch die Anordnung der Längsnähte. Es sollen nie zwei Längsnähte zusammenstoßen, weil es sehr schwierig ist, eine derartige Stelle dicht zu bekommen. Man versetzt die Längsnähte um mindestens fünf Nietteilungen gegeneinander. Wird das Blech gebördelt, so legt man die Längsnaht möglichst an jene Stelle, die am wenigsten gebogen wird. Bei Dampfkesseln oder Gefäßen, die mit dem Feuer in Berührung kommen, legt man die Längsnähte möglichst in den Teil, der nicht vom Feuer bestrichen wird. Bei Rohrleitungen oder Gefäßen, die im Freien stehen, sind die Nähte so anzuordnen, daß das auffallende Regenwasser möglichst abfließen kann, damit nirgends Wasser stehenbleiben und zu Rostbildungen Anlaß geben kann.

Bei sehr schlanken Kegeln ist der Unterschied zwischen Bogen B und Sehne S, Abb. 117, sehr klein, und man trägt dann beim Herstellen der Abwicklung statt der Sehne die Bogenlänge auf, entwickelt den Bogen und trägt hierauf dann die Bogenlänge ab. Der hierbei entstehende Fehler ist so gering, daß er vernachlässigt werden kann.

VI. Kegelschnitte und andere Kurven

Wie bereits auf Seite 44 angeführt, entstehen beim Durchdringen von Ebenen mit einem Kreiskegel als Schnittlinien die Kegelschnitte, die je nach der Lage der Ebenen verschieden sind. Ist die Ebene senkrecht zur

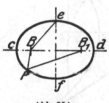

Abb. 354

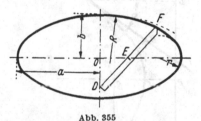

Abb. 355

Achse, also waagerecht, so entsteht als Schnittlinie ein Kreis, Abb. 127 Ebene *I*. Ist sie parallel zur Kegelerzeugenden, Abb. 127 Ebene *III*, so entsteht eine Parabel, die Ebenen, welche zwischen diesen liegen, ergeben Ellipsen als Schnittlinien und die Ebenen, welche über der Ebene *III* liegen, Hyperbeln.

Es sei eine Ellipse mit $c—d = 2\,a$ als große Achse und $e—f = 2\,b$ als kleine Achse, Abb. 354, zu zeichnen. Man nimmt die halbe große Achse in den Zirkel und schneidet von e aus auf $c—d$ ab und erhält so die beiden Brennpunkte B und B_1. Für jeden Punkt der Ellipse muß nun sein $B\,P + P\,B_1 = 2\,a$. Dies ergibt eine mathematisch genaue Ellipse.

Eine andere Konstruktion zeigt Abb. 355. Auf einem Lineale trägt man die große Halbachse von D bis F und die kleine Halbachse von E bis F. Läßt man nun die Punkte D und E auf den Achsen gleiten, so beschreibt der Punkt F eine genaue Ellipse. Diese Konstruktion kann etwas vereinfacht werden, indem man die Krümmungskreise bestimmt und die Zwischenpunkte wie vor sucht. Der Krümmungsradius für die Scheitel der kleinen Achse ist $R = \dfrac{a^2}{b}$ und für die Scheitel der großen

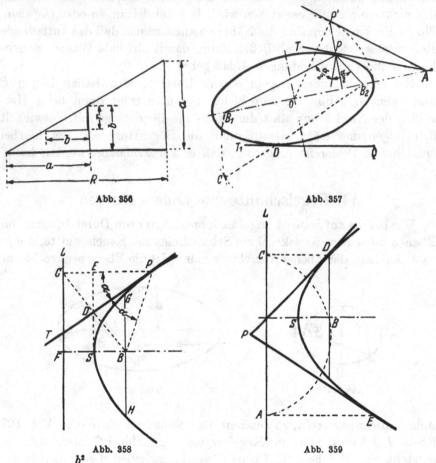

Abb. 356   Abb. 357

Abb. 358   Abb. 359

Achse $r = \dfrac{b^2}{a}$. Zeichnerisch können diese Radien nach Abb. 356 bestimmt werden.

Ist in einem Punkte P einer Ellipse, Abb. 357, an diese die Tangente zu zeichnen, setzt man in 0 ein und schlägt mit der halben großen Achse einen Kreisbogen, hierauf fällt man eine Senkrechte auf die große Achse und verlängert bis P'. An P' legt man an den Kreisbogen die Tangente, welche die große Achse in A trifft. Verbindet man A mit P so erhält man die gesuchte Tangente. Man kann auch P mit den beiden Brennpunkten B_1 und B_2 verbinden, den so entstehenden Winkel halbieren und auf die Winkelhalbierende in P eine Senkrechte errichten, welche dann die gesuchte Tangente ist.

Soll vom Punkte Q eine Tangente an die Ellipse gelegt werden, zieht man mit Q als Mittelpunkt durch B_1 einen Kreisbogen und schneidet von B_2 aus mit $2\,a$ ab. Diesen Punkt C verbindet man mit B_2 und im Schnitte mit der Ellipse, in D, ist der Berührungspunkt gefunden. Q mit D verbunden gibt die gesuchte Tangente T_1.

Bei der Parabel liegt jeder Punkt derselben von einer Geraden, der

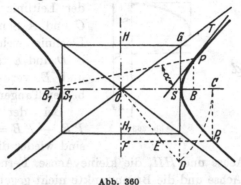

Abb. 360

Leitlinie L Abb. 358, und dem Brennpunkte B gleich weit entfernt, es ist also $C\,P = P\,B$ und $F\,S = S\,B$. Sind Leitlinie und Brennpunkt nicht gegeben, so wählt man einen Punkt P, von dem man auf die Gerade $S\,E$

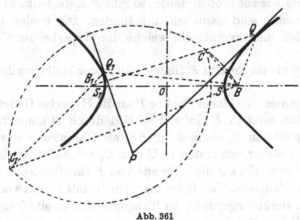

Abb. 361

eine Senkrechte fällt. $S\,E$ steht im Scheitel der Parabel senkrecht auf der Parabelachse. Die Strecke $S\,E$ wird in D halbiert. D mit P verbunden gibt die Tangente an die Parabel, auf jene fällt man in D eine Senkrechte, deren Schnittpunkt mit der Achse in B den Brennpunkt ergibt. Macht man $F\,S = S\,B$ und errichtet in F eine Senkrechte auf die Achse, so ist die Leitlinie L gefunden.

Die im Brennpunkte B auf die Achse errichtete Senkrechte $G\,H$ heißt der Parameter und dessen Hälfte ist gleich dem Krümmungsradius im Scheitel S, wobei $B\,G = F\,B$.

Um in einem Punkte P die Tangente an die Parabel zu zeichnen, zieht man $B P$ und $P C$, Abb. 358, halbiert die Winkel $C P B$ und erhält so die Tangente. $P C$ steht senkrecht auf der Leitlinie L.

Von einem Punkte P, Abb. 359, sind die Tangenten an eine Parabel zu ziehen. Man setzt in P ein, schlägt durch B einen Kreisbogen bis zu

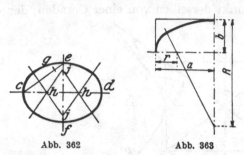

den Schnitten C und A mit der Leitlinie L, errichtet in C und A Senkrechte auf die Leitlinie, welche die Parabel in D und E treffen. P mit D und E verbunden gibt die beiden Tangenten.

Bei der Hyperbel ist $P B_1 - P B = S S_1$. B und B_1 sind wieder die Brennpunkte,

Abb. 362   Abb. 363

SS_1 die große Achse und HH_1 die kleine Achse. Ferner ist $0G = 0B$. Sind die kleine Achse und die Brennpunkte nicht gegeben, nimmt man einen Punkt P_1 an, fällt auf die große Achse eine Senkrechte nach C. Nun setzt man in 0 ein und schlägt durch C einen Kreisbogen, bis dieser die Scheiteltangente in D schneidet, verbindet D mit 0. Durch P_1 zieht man eine Parallele zur großen Achse, so gibt $F E$ die halbe kleine Achse. Die Brennpunkte sind dann leicht gefunden. Die beiden Geraden A und A_1 heißen die Asymptoten, welche die Hyperbel im Unendlichen treffen.

Die Tangente im Punkte P findet man in der Halbierenden des Winkels $B_1 P B$.

Die Tangenten von einem Punkte P an die Hyperbel findet man nach Abb. 361. Man setzt in P ein und schlägt durch B einen Kreisbogen, hierauf setzt man in B_1 ein und mit SS_1 als Halbmesser einem zweiten Kreisbogen, welcher den ersten in C und C_1 schneidet. Verbindet man nun C mit B und fällt auf diese Gerade von P eine Senkrechte, so erhält man die eine Tangente. Verbindet man ein B_1 mit C und verlängert, so ergibt Q den Berührungspunkt der Tangente. Die zweite Tangente wird in gleicher Weise gefunden.

Falls eine angenäherte Ellipse genügt, z. B. bei Mannlöchern, so kann man sie wie folgt zeichnen. Man verbindet c mit e, Abb. 362, von e aus trägt man den Unterschied zwischen der großen und kleinen Halbachse nach g auf, halbiert c—g und errichtet im Halbierungspunkte eine Senkrechte. Die Schnittpunkte h und j dieser Senkrechten mit den Achsen geben die Mittelpunkte von Kreisen, welche eine angenäherte Ellipse ergeben.

Eigentlich ist die so erhaltene Kurve ein Korbbogen. Wenn, wie in Abb. 363 die beiden Halbachsen a und b gegeben sind, lassen sich unendlich viele Korbbogen darüber zeichnen. Nimmt man r an, so wird:

$$R = \frac{a^2 + b^2 - 2\,r\,a}{2\,(b - r)}.$$

Nimmt man jedoch R an, so wird:

$$r = \frac{a^2 + b^2 - 2\,R\,b}{2\,(a - R)}.$$

Bei der ziffernmäßigen Auswertung wird sowohl der Zähler als auch der Nenner negativ, daher der Endwert wieder positiv.

Die in Abb. 362 gegebene Konstruktion der angenäherten Ellipse (Korbbogen) ergibt, wenn b im Verhältnis zu a klein wird, eine unschöne

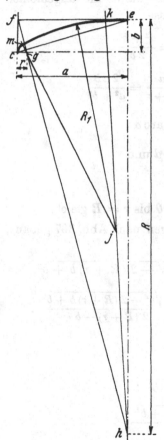

Kurve. In diesem Falle wähle man lieber die folgende Konstruktion, Abb. 364. Nach dem das Achsenkreuz gezeichnet ist und die beiden Halbachsen aufgetragen sind, zieht man die Linie von c nach e. Von f fällt man eine Senkrechte auf c—e, welche die große Halbachse in g und die kleine in h schneidet. $\overline{cg}$ gibt nun den kleinen Radius r und $\overline{eh}$ den großen Radius R.

Mit $\dfrac{R - r}{2}$ im Zirkel schlägt man von h und g aus Kreisbogen, so j erhaltend. Nun

Abb. 365

zieht man von h durch j eine Gerade bis k und von j durch g eine Gerade bis m. Setzt man nun in j mit dem Zirkel ein und schlägt noch den Bogen m—k, und mit $\overline{hk}$ als Halbmesser den Bogen k—e, so erhält man einen schön geformten Korbbogen, einen Drei-Radien-Korbbogen.

Abb. 364

Rechnerisch ergibt sich

$$r = \frac{b^2}{a}$$

$$R = \frac{a^2}{b}$$

$$R_1 = \frac{R + r}{2}.$$

Eine oft gebrauchte Kurve ist die Eilinie Abb. 365. Über die kleine Achse zieht man einen Kreis, von a und b werden durch c Gerade gezogen. Nun setzt man mit dem Zirkel in a und b ein und Kreisbogen mit a—b

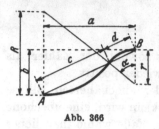

als Halbmesser bis zu den durch c gehenden Geraden und schlägt noch, mit c als Mittelpunkt, den Schlußbogen.

Bei Rohrleitungen kommt es häufig vor, daß zwei Punkte A und B, Abb. 366, durch einen S-Bogen (Etagenbogen) zu verbinden sind. Es bestehen dann im allgemeinen folgende Verhältnisse:

Abb. 366

$$d + c = \sqrt{a^2 + b^2} \qquad R + r = \frac{a^2 + b^2}{2\,b}$$
$$d : c = r : R$$

$$\sin\frac{\alpha}{2} = \frac{b}{\sqrt{a^2 + b^2}} \text{ oder } \sin\alpha = \frac{a}{R + r} = \frac{2\,a\,b}{a^2 + b^2}$$

Bogenlänge $A\,B = \dfrac{a^2 + b^2}{2\,b}\,\mathrm{arc}\,\alpha$.

Wird $R = r$, so wird $c = d$ und

$$R = \frac{a^2 + b^2}{4\,b}.$$

α bleibt für alle Wertepaare R, r von $r = 0$ bis $r = R$ gleich.

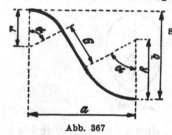

Wird der S-Bogen nach Abb. 367 gebaut, so ergibt sich:

$$G = \sqrt{a^2 - 2\,(R + r)\,b + b^2}$$

$$\tan\frac{\alpha}{2} = \frac{a - \sqrt{a^2 - 2\,(R + r)\,b + b^2}}{2\,(R + r) - b}.$$

Abb. 367

Und wenn $R = r$, so wird:

$$G = \sqrt{a^2 - 4\,R\,b + b^2}$$

$$\tan\frac{\alpha}{2} = \frac{a - \sqrt{a^2 - 4\,R\,b + b^2}}{4\,R - b}.$$

Zum Schlusse sei noch darauf hingewiesen, daß jeder Körper, der abgewickelt werden soll, möglichst auf leicht zu behandelnde Körperformen zurückgeführt werden soll. Das Abwickeln mit dem Dreiecksverfahren soll so wenig als möglich angewendet werden.